心理委员督导

360

问

主　编　詹启生

副主编　刘　卉　姚　斌
　　　　刘明波　余金聪
　　　　陈　娟　李永慧

U0360335

上海交通大学出版社
SHANGHAI JIAO TONG UNIVERSITY PRESS

内容提要

　　本书在对上万名大学心理委员需要应对的现实问题进行广泛调研的基础上,从近 7 000 个有效问题中筛选出 360 个最具典型性的问题,结合各种现实情况给出了具有针对性的指导。本书中的问题均来自大学一线心理委员,采用问答式呈现,分类合理、目标性强、实操性好,可供大学心理委员日常工作参考。

图书在版编目(CIP)数据

　　心理委员督导 360 问/詹启生主编. —上海:上海交通大学出版社,2023.10(2024.12 重印)
　　ISBN 978 - 7 - 313 - 29600 - 9

　　Ⅰ.①心…　Ⅱ.①詹…　Ⅲ.①心理咨询-问题解答
Ⅳ.①B849.1 - 44

　　中国国家版本馆 CIP 数据核字(2023)第 186147 号

心理委员督导 360 问
XINLI WEIYUAN DUDAO 360 WEN

主　　编:詹启生
出版发行:上海交通大学出版社　　　　地　　址:上海市番禺路 951 号
邮政编码:200030　　　　　　　　　　电　　话:021 - 64071208
印　　制:上海新艺印刷有限公司　　　经　　销:全国新华书店
开　　本:880mm×1230mm　1/32　　印　　张:10.5
字　　数:245 千字
版　　次:2023 年 10 月第 1 版　　　　印　　次:2024 年 12 月第 3 次印刷
书　　号:ISBN 978 - 7 - 313 - 29600 - 9
定　　价:39.00 元

前　言

　　2017 年 2 月 7 日,我去哈佛大学就朋辈心理辅导(指年龄相当者对周围需要心理帮助的同学和朋友给予心理开导、安慰和支持)的专题进行交流时,哈佛大学朋辈心理辅导的三个特征给我留下了深刻的印象,分别是 24 小时朋辈接待值班制度、朋辈成员分专题小组设置和朋辈咨询定期督导机制。这次访问交流后,我就计划把朋辈督导的机制引入具有中国特色的心理委员工作中,创建心理委员督导机制。

　　2017 年 11 月 15 日,哈佛大学朋辈心理辅导负责人应邀到南京大学出席第十二届全国高校心理委员工作研讨会暨朋辈辅导论坛,心理委员督导机制的探索得以进一步推进。经过三年多的筹备,直到 2021 年 7 月 23 日,我们正式在井冈山启动了首届心理委员督导(朋辈督导)培训。这一天正好是中国共产党创建一百周年之际,1921 年 7 月 23 日,中国共产党在上海召开了第一次全国代表大会,我们希望这种开拓创新的精神能激励着大家去把相关工作做好。

　　为了把心理委员督导工作做得务实、高效、有意义,从心理委员督导项目启动以来,我们结合心理委员标准化课程教学和心理委员工作开展的实际情况,赋予心理委员督导教学督导和工作督导双重内涵。

　　我们从心理委员这支庞大队伍本身的工作需求出发进行了广

泛调研,实际调查 10 401 名来自全国各高校的心理委员,其中除 3 589 名心理委员没有提出问题,89 名心理委员的提问无效(如仅说"有问题"却无具体内容)外,其他心理委员的有效提问累计共 6 723 个,从而获取了心理委员督导需要应对的现实问题。本书正是从这 6 723 个心理委员需要督导的实际问题出发整理撰写而成,旨在为广大心理委员的日常工作提供具有针对性的指导。

参与撰写本书的作者有史同笑、李梦日、刘丹、彭维、王苏、宋方林、刘洋、张丽莎、张欢、李楚洁。其中,史同笑负责撰写第 1~28 问,李梦日负责撰写第 29~57 问,刘丹负责撰写第 58~87 问,彭维负责撰写第 88~118 问,王苏负责撰写第 119~158 问,宋方林负责撰写第 159~191 问,刘洋负责撰写第 192~241 问,张丽莎负责撰写第 242~284 问,李楚洁负责撰写第 285~315 问和第 350~360 问,张欢负责撰写第 316~349 问,张丽莎、刘心怡负责对全书各章节内容进行整合并校对全书。

北京大学刘卉、西安交通大学姚斌、复旦大学刘明波、华东理工大学李永慧、重庆师范大学陈娟、中南财经政法大学余金聪等老师分别对书稿进行了详细审阅并提出了宝贵的修改建议。全书由詹启生进行最终审核定稿。

感谢上海交通大学出版社的鼎力支持。

目　录

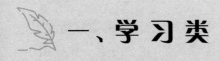

一、学习类

1. 同学因沉迷游戏连续旷课怎么办？

首先，需要明确界定"沉迷游戏"这个问题。心理委员可以通过询问、观察等形式，了解同学玩网络游戏的频次和时间，以及玩网络游戏对他本人造成的实际影响，据此判断该事件的严重程度。

其次，可以与同学约定时间进行谈话，谈几次视情况而定。心理委员需要以开放、真诚、不加批判的态度去接纳同学，并且积极引导他多谈自己内心的感受和想法。谈话开始时，心理委员可以首先询问同学最近有没有什么困扰他的事情，或者有没有什么想要说的，引导他谈论关于网络的话题，借此机会引出谈话的主题。心理委员需要了解他本人对于频繁玩游戏以至于不上课这件事情的态度和看法，抓住这些话背后同学表达出的一些情绪层面的问题，尽量去挖掘他这样做的动因，比如是逃避课业压力的一种方式或者是回避某些现实层面问题的方式，又或者是游戏里的某些因素让他获得了很大的快感等。通过谈话，心理委员可以帮他分析目前较为不良的现实状况，让他看清楚自己目前的状态与理想状态之间的差距，尽量激起他改变现状的想法。接下来可以从行动层面引导该同学做出改变。心理委员可以结合同学的实际情况，与他商讨一个执行性高的方案。需注意的是，这个方案一定要由易到难。之后心理委员还应该及时关注同学的状况。

最后，需要注意的是，在工作期间，任何心理委员感觉难以解决的问题都可以及时求助心理中心的老师。如果有必要，心理委员可以将同学转介到心理中心，让他获得更多专业的帮助和支持。在他做出改变的过程中，心理委员可与任课老师进行沟通，争取获得老师的配合，给予他更多改变的正向强化。

②. 同学因学习新课程压力太大情绪消极怎么办？

首先，心理委员应对同学对新课程的压力感和消极情绪表示理解，并且指出有这样的情绪感受是非常正常的，让同学知道并非只有他会产生这样的不良感受。

其次，心理委员可以和同学进行一次甚至多次深入的谈话，谈话的内容主要围绕同学提到的面对新课程的压力和不良情绪。心理委员需要全神贯注地倾听同学反馈的信息，做一个忠实的倾听者，不时地使用点头等非语言动作来表示专注和理解。当与同学建立了一定的关系之后，心理委员可以提出一些问题来进一步了解同学目前的状况，比如询问同学总体的学业状况如何，是否在面对其他课程时也出现了这种感受，是什么原因导致了面对新课程的不良反应，这种压力和消极情绪是否已经开始影响到正常的生活等。根据这些信息，心理委员可以对同学目前的状态进行初步判断。

再次，在征得同学同意的情况下，心理委员可以邀请在这门课程上表现良好的同学参与进来,三方甚至多方共同寻找解决问题的办法。如果同学不同意,心理委员也可以私下向优秀的同学取经,须注意不要透露问题同学的信息。心理委员可以和同学具体分析学习这门课程的意义,找到学这门课程的乐趣,进而激发同学学习的积极性。同时,通过向其他同学请教,厘清这门课程学习的思路和框架,结合同学的实际情况,与他一起制订一个可行性高的学习计划。除此之外,还可以请其他同学分享适合这门课程的学习方法,让同学学习和借鉴,提高自己的学习效率。这样一来,同学应该会在学习中有所收获,进而强化自己对于学好这门新课程的信心。

最后,心理委员需要继续跟进同学的情况,通过周围同学、任课老师以及他自己的反馈,全方位地了解他最新的学习状况。如果他在今后的学习生活中遇到困难,心理委员可以鼓励他及时向自己、同学和老师求助。

3. 同学因不喜欢本专业缺乏学习动力怎么办?

首先,心理委员可以和同学约定一个时间深度聊一聊,询问同学不喜欢本专业的原因,以及当初填报本专业的原因等。除此之外,为了更加全面地了解和帮助同学,可以让他谈谈自己有什么样的兴趣爱好,对自己的未来有什么样的打算,还可以问问他平时都在做些什么。以此为落脚点,一方面可以拉近双方距离,另一方面也为解决问题做铺垫。

其次,心理委员可以进一步询问同学对于目前的状况持什么态度,有没有考虑过相应的解决方法。心理委员可以结合自己的经验,也可以通过询问同学、辅导员等方式帮助同学罗列出一些解决问题的方法。具体主要有以下四种。一是选择转专业。心理委员可以和同学一起去了解一下本校转专业的规则,有问题直接向辅导员或老师求助。二是可以辅修第二专业。心理委员可以和同学一起去咨询有过相关经历的其他同学,关注学校辅修二专业的相关信息,包括可选择的第二专业有哪些,开课时间是什么时候,如何考核,最后能否拿到毕业证书等。三是可以在未来选择跨专业考研。心理委员可以鼓励同学早做准备,咨询一些学长学姐,获得一些跨专业考研的基本信息。四是考虑把自己喜欢的专业发展成自己的兴趣爱好,自学相关知识或参与一些有价值的社会课程。

再次,心理委员需要帮助同学分析每一个选择需要考虑的问题。对于转专业来言,大多数高校都要求学业成绩必须名列前茅,该同学是否可以达到这样的标准? 如果确定要选择这条路,心理委员还需要和同学协商制订一个可行性高的学习计划,为这个目标去努力。对于辅修二专业,这一选择确实为该同学提供了一条新的道路,有利于激发他的学习动力,拓宽未来择业的领域,但心理委员也要提醒同学是否有充足的精力同时进行两个专业的学习,有没有考虑好如何分配学习时间,是否可以承担两个专业并行的学习压力等。对于跨专业考研,这一定是一个非常辛苦的选择,心理委员可以建议同学用更多的时间去思考和收集资料,了解清楚跨专业考研的现状,避免冲动选择。

最后,不管同学最终选择哪条路,心理委员都应该表示支持和理解,并且主动地尽自己所能帮助同学,比如收集相关信息、制订学习计划、督促完成任务等。在随后的学习生活中,心理委员也应该对同学保持持续关注,必要时可以向辅导员或老师反馈同学的情况,让他感觉到自己并不是一个人在奋斗。

4. 同学因归家心切无法静心备考而感到焦虑怎么办?

首先,心理委员在关注到同学存在无法静心学习的困难后,可以进一步询问同学目前的状况,例如:期末考试的复习进度如何,哪一门课让自己感觉最困难,是否制订了复习计划,这种情绪已持续了多长时间,是否每一次期末考试前都会出现相同的状况,等等。通过问询,心理委员可以获得更多的信息,从而初步判断同学的状况。

其次,心理委员可以鼓励同学更多地表达自己的感受。无论是关于考试的焦虑,还是对回家的期待,心理委员都要以一个接纳开放的心态仔细倾听同学的感受,让他自由地表达。这样做的目的主要是让同学在倾诉之后心情可以变得平稳一些,有利于进一步解决问题。心理委员可以时不时地用点头等方式表示理解,并且可以分享一下自己目前的状态,例如,期末考试自己是如何复习准备的,感到焦虑时自己是如何应对的,让同学感受到自己这样的处境并非独有的。

再次,心理委员可以做一些对同学有帮助的工作。例如,进行一些心理教育,告诉他很多焦虑其实来源于没有行动,只要开始行动,不安的情绪就可以得到缓解;还可以建议他寻求其他同学的帮助,借鉴高效的期末考试复习方法,并针对自己的薄弱科目制订科学的复习方案。心理委员要告诉同学,在学习过程中遇到任何困难都可以向自己求助。

最后,在方案执行几天之后,心理委员可以对同学做一次随访,了解他这几天的感觉相较于之前有没有好转。心理委员要继续鼓励同学,安抚好他的焦躁情绪。

5. 同学因失眠而不能好好学习怎么办?

首先,心理委员需要对同学的失眠情况做一个细致而全面的了解,包括失眠频率、失眠状况、持续时间,以及除学习外失眠还对哪些方面造成了影响,自己尝试过哪些解决办法等。了解这些信息有助于心理委员更好地对他的情况做出初步判断。

其次,心理委员需要了解失眠的原因并提供一些解决办法。心理委员要对同学的失眠情况表示理解,在安抚同学情绪的同时可以进一步询问,例如:失眠的时候他在想些什么,这些想法和情绪是和白天发生的事情有关,还是和以前的经历有关,或者是与最近发生的事情有关。通过询问和梳理信息,心理委员要尽可能找到引起他失眠的生活事件,即导致失眠的现实层面原因,可能包括学业压力、恋爱、宿舍关系等。只有找到失眠的原因,心理委员才能帮助同学高效地解决问题。心理委员也可以给同学提供一些缓解失眠的小方法,如睡前喝一杯热牛奶、深呼吸放松、正念冥想、晚上适度运动等。

再次,心理委员需要关注同学的学习情况。了解失眠对同学的学业产生了哪些影响,还可以进一步了解同学当前的学习状况,哪些科目有困难,是否尝试过去解决。心理委员可以在同学同意的情况下,让学习委员也参与进来,帮助同学克服目前的一些学业困难。例如,请学习委员给他分享一些高效的学习方法,帮助他制订合理的学习规划等,并且鼓励他积极尝试。白天多动脑,让自己的身体疲乏一些,也有利于失眠问题的解决。

最后,心理委员要持续关注同学的状况。定期了解之前提供的一些方法是否对他的睡眠问题有所帮助,学习上还有什么困难。如果同学的睡眠问题并没有得到显著改善,甚至更加严重,可以考虑寻找专业的心理咨询师,或者去正规医院寻求医生的帮助。

6. 同学总是处于备战考研和放松娱乐的矛盾情绪中怎么办?

首先,心理委员要肯定同学继续深造的想法,对他的上进心表示赞许。心理委员可以对这件事进行更细致的询问,深入了解同学目前的想法,例如:打算考什么专业,有没有收集过相关的信息,有没有什么忧虑的问题,对未来的规划是什么样的,等等,这些信息可以帮助心理委员更好地掌握同学的现状。

其次,心理委员可以鼓励同学更多地表达个人感受和情绪。努力去理解这个行为本身也能让对方感觉到被接纳和被包容。心理委员可以使用一些简单的咨询技巧,如情感反应、重述等,对同学表达的内容做一些回应,在察觉到同学释放出了矛盾心理之后,再使用开放式提问的方法引导他表达自己内心深处的情绪。

再次,心理委员需要帮助同学厘清思路,分析备战考研和放松娱乐之间的关系。心理委员可以为同学介绍有考研经验的学长学姐,听听他们的看法,让同学明白考研并不是一件需要放弃任何娱乐活动的事情,学习也是需要劳逸结合的。如果可以的话,邀请学长学姐与同学进行一次深入交流,帮助同学了解考研这件事意味着什么,需要做哪些工作,如何开始,等等。这样一来,可以让同学对考研有个大致的了解,让他从简单处付出行动,而不是只停留在思考阶段。如果同学仍然感到迷茫纠结，心理委员可以引导同学去做一些具体的事情，例如，看一看专业课的教材，从行动中去发现自己是否适合，或者是否能够坚持下去。除此之外，心理委员也可以帮助同学做一个简单的时间规划，例如，一周留一天时间用于休闲娱乐，平衡学习和娱乐之间的关系。

最后，心理委员还需要对同学进行随访。一段时间后，了解同学目前的状况如何，情绪状态是否好一些，有没有做出选择，等等。

7. 同学总是担心自己专升本失败怎么办?

首先，心理委员应该对同学愿意努力上进的想法表示肯定和赞扬，并且鼓励他持续努力。心理委员要与同学共情，告诉他这样的担忧不止他一人存在，但我们不应该被这种担忧的情绪裹挟。任何考试都有失败的风险，但不应该因为有失败的风险就畏畏缩缩不敢向前，现在可以做的就是好好努力，提高自己成功的可能性。

其次，心理委员需要和同学具体聊聊他有什么样的困惑。例如：对于专升本有什么不明白的，为什么会觉得自己考不上，对未来有什么样的打算，等等，厘清同学目前的状态和问题。心理委员可以告诉他，缓解不安和焦虑情绪的最好方法就是勇敢面对和前进，也可以建议同学通过知乎、小红书、微博等途径去了解更多有关专升本的信息，或者邀请有相关经验的学长学姐一起帮助同学解决他所面临的困惑。心理委员也可以和同学探讨现在可以做的一些具体的事情，如时间规划、学习安排、学习场地、休息时间等，通过具体行动去缓解同学的不安情绪。

最后,心理委员需要持续关注同学的情绪,多鼓励和赞扬,增强同学的信心。心理委员可以时不时地对他表示关心和支持,表明无论他遇到什么样的困难,都可以向自己、同学和老师求助。

8. 同学因学习压力过大感到焦虑不安怎么办?

首先,心理委员可以和同学约定一个时间进行深入谈话。心理委员要了解同学最近的学习情况怎么样,并且鼓励同学尽可能多地谈自己的近况,这样一来,心理委员可以对同学的现状有一个比较全面的了解。在这个阶段,心理委员要全神贯注地倾听,留意同学谈到的可能导致他学习压力大的一些因素,时刻关注他的情绪波动,并时不时以点头、复述等方式来回应他,让他感觉到被关注和理解。

其次,心理委员可以帮助同学分析为什么会感觉到学习压力大。压力的源头可能是父母期许过高、课程很难、上课节奏快、升学需求或者个性要强等。当然,导致学业压力大的因素可能是多方面的,心理委员可以根据收集到的信息和同学一起梳理。这样一来,同学可能会厘清一些头绪,而不是茫然地陷入学习压力大却无法解决的漩涡中。

再次,心理委员要和同学一起探讨如何解决这些问题。如果是父母期许过高,心理委员可以教给同学一些沟通方法,鼓励他向父母表达自己的感受;如果是课程很难,那么可以找课业成绩好的同学帮忙,共同制订合理的学习规划等。除此之外,心理委员还可以教给同学一些可以让自己放松的方法,比如蝴蝶拍、深呼吸、正念冥想等,让同学在感觉到不安和焦虑时,采用这些方法使自己的心绪平静下来。心理委员也可以给同学进行一些心理疏导,告诉他压力在一定程度上可以转换为动力,但压力过大则会适得其反,阻挡前进的脚步,中等程度的动机最有利于任务完成,我们要学会调整自己的动机。心理委员还需要不断地为同学加油鼓气,向他表达自己对他的支持和信任,并且随时可以为他提供帮助。

最后,心理委员可以请和他比较亲近的一些同学多与他沟通,关注他的情况,及时肯定他的微小改变和进步。

9. 同学考试前总是很焦虑怎么办?

首先,心理委员需要安抚同学的情绪,告诉他考前焦虑是一件很正常的事,不必过分担忧。心理委员可以根据他平时的学习情况,对他目前的处境做一个初步判断;也可以直接询问他在担心什么,是担心考试成绩下滑,还是没法通过某一门很难的课程,抑或是达不到父母的期望等。

其次,根据同学所提供的信息,心理委员可以和他一起探讨如何应对目前这种情况。心理委员可以教给他一些简单有效的放松方法,帮助他稳定情绪,以比较从容的姿态应对考试,比如正念冥想、深呼吸、蝴蝶拍,或者听一些舒缓的音乐,去锻炼一下身体等。除此之外,心理委员也可以结合自身的经验和其他成绩不错的同学的经验,给他提供一些高效的考前复习方法,如合理安排时间、集中学习和分散学习相结合等。还可以求助于任课老师,看看是否可以给同学推荐一些学习方法、答题技巧等,通过提高同学考试的信心,缓减他的考前焦虑感。

再次,在考试结束之后,心理委员可以约他进行一次谈话,进一步了解他考前焦虑的原因,看看是不是有更深层次的因素,例如,家庭背景或者最近遇到了什么困难。如果同学只是因为学习出了一些问题导致考前焦虑,就可以参照之前的方式,与他一起制订一个合理的学习规划,并对他进行督促。

最后,心理委员可以持续关注同学的情况,观察他在下一次考试前是否也会出现焦虑情绪,如果有就继续帮助他调整。当然,如果同学的情况比较严重,应考虑求助于专业的心理老师。

10. 考试结束后同学总是处于挂科焦虑中怎么办?

首先,心理委员应安抚同学的情绪,带他做一下简单的放松训练。心理委员可以通过同学周边的人了解一下他平时的学习状况,然后询问他为什么会担心自己挂科,是有哪门课程没有学好,还是自己平时学习不够努力。通过这些问题,心理委员可以对同学的情况做一个基本判断。如果情况还是不太清晰,也可以请任课老师对同学平时的学习状况进行反馈。

其次,心理委员可以引导同学多谈谈自己在学习生活上的一些感受,遇到了哪些困难,有没有尝试解决等话题,扩宽同学的关注点,使他不要只把注意力局限在目前这次考试可能挂科的焦虑中。心理委员需要让他明确一点:考试已经结束,就算挂科也已经没有办法改变,他可以做的是在今后尽量避免这样的结果。心理委员可以通过自身的经验谈一谈平时如何高效学习等,并表达如果考试结果不尽如人意,自己会和他一起讨论如何解决这个问题。

再次,在试卷下发之后,心理委员可以和同学一起分析,看看是哪里出了问题,哪些失分是因为粗心导致的,哪些失分确实是因为自己知识掌握不够扎实导致的。通过这样的分析,可以让同学认识到自己还有很多需要学习和提升的地方,担忧本质上没有任何作用。心理委员可以找学习委员或其他成绩好的同学给该同学提供一些学习方面的建议,也可以找任课老师帮忙解答他不会的问题。

最后,心理委员需要引导同学反馈这次经历让他有什么样的收获,强化他所得到的一些启发,并在之后的学习生活中持续关注他的情况。

11. 同学感觉"内卷严重"学习压力过大怎么办?

首先,心理委员需要鼓励同学表达自己对于"内卷严重"的想法,了解清楚同学所表达的"内卷严重"的明确含义。如果同学所表达的是同学们日常努力学习等正常竞争行为,心理委员需要向其提供积极的正向引导,告诉他努力并不代表内卷,而是一种积极生活的态度,每个人都可以做到。如果同学口中的内卷指的是同学之间过度竞争产生的非必要内耗的情况,心理委员就需要安抚同学的情绪,让同学谈谈自己对内卷现象的看法,激发他解决问题的主动性。

其次,心理委员可以对同学想法中积极的一面做出肯定,不恰当的地方给予他一些新的思考角度,让他可以从一个相对客观的视角去面对当前内卷的现状。在这之后,心理委员可以询问同学是否想过采取一些方法来面对自己目前压力过大的困境,和他一起思考有哪些方法是切实可行的。例如，可以制订一个每日半小时的运动计划，在学习上要合理安排时间，自己感觉压力太大时可以去散散步，或者找朋友谈谈心等。要注意的是，这些方法对于当事人而言一定是可以操作的，并且在他采取行动改变现状期间，心理委员要一直对他的行动保持积极的反馈。

最后，心理委员还可以对他进行一定的心理疏导，认可他所谈的现在的学习环境存在过度内耗的现象，也要让他明白，既然我们身处其中，又无法改变目前的大环境，就只能去改变自己，调整自己，努力使自己保持身心舒畅。通过这些表述，再次安抚同学，让他明白自己目前要做的事情并不是去对抗内卷，而是尽量使自己做得更好。

12. 同学备战考研遇到困难怎么办？

首先，心理委员要肯定同学继续求学的上进心，并且表示很高兴为他提供帮助。交流时心理委员要更多扮演倾听者角色，让对方仔细谈一谈为什么选择考研，考研和自己未来的职业规划有什么样的关系，目前的进展如何，具体遇到了什么困难等。通过这些问题，心理委员可以更全面地了解同学的情况，然后再做进一步的工作。

其次，心理委员可以和同学一起探讨一些具体的问题。如果问题是关于学习方面的，那么心理委员可以和同学一起分析问题出在哪里，是自己基础差，还是学习的方法有问题。心理委员可以建议同学去找有过备考经验的学长学姐帮忙，看看这部分用什么样的学习方法更高效等。如果同学困惑的是无法专注于学习，很容易分心,那么心理委员可以推荐一些有利于自控的学习 App。除此之外,心理委员也可以建议同学找一个研友互相督促。总之,心理委员需要和同学一起探讨可行的解决方案,并对该方案的好处做出分析,增加同学改变行为的可能性。

再次,心理委员要鼓励同学坚持下去,努力解决目前的困境。心理委员可以借此机会,更多地让同学聊一聊他目前的情绪状态,是否因为考研感到焦虑和烦躁。如果出现这样的情绪问题,可以建议同学去户外散散心,或者和朋友聊聊天放松一下心情,调整好情绪再继续投入学习会更高效。

最后,心理委员需要持续关注同学的情况,过一段时间主动去询问他的问题是否得到了解决,并表示不管遇到什么样的困难都可以来找自己帮忙。

13. 如何帮助同学平衡谈恋爱和学习之间的关系?

首先,心理委员要向同学表示感谢他的信任,自己一定会尽力帮助他。心理委员可以和同学约定一次面对面的谈话,并在谈话的初始阶段把主导权交给对方,鼓励对方多说一些自己的困惑。如果对方不知道从哪里开始说,或者中间有些语无伦次,心理委员要耐心等待,必要时可以提出一些问题来引导他,例如:"你指的无法兼容的情况可以具体谈谈吗?""你的另一半如何看待这件事情?""你和他商量过如何解决吗?"总之,在这个阶段尽量多收集一些信息,对问题进行全面了解。

其次,心理委员需要帮助同学梳理自己的问题,帮他重新整理思绪。心理委员在梳理问题的过程中,需要不断地向对方确认自己讲述的是否正确,以确保问题复述不会产生偏差。心理委员需要和同学探讨是什么原因造成了这种情况,是自己在两者之间的平衡方式出了问题,还是说自己的精力不足,又或是自己对于学习和情感之间的关系有着不太现实的高期待?只有找到问题背后可能的原因,接下来才能着手去解决。

再次,心理委员可以询问同学曾经尝试过什么样的解决办法,是否有效,如果无效,是什么原因造成的。这样做的主要目的是激发同学解决问题的主动性,并评估他过往解决问题的方式是否合理。心理委员可以针对探索出来的问题背后的原因,和他一起分析哪些解决办法更合适。例如,心理委员可以建议同学和自己的男/女朋友好好谈一谈这个问题,征求对方的意见,并且考虑现在的平衡方式是不是出现了一些问题,双方可以聊一聊每周见面的频次,以及这样做对学习的影响程度。通过这样的方式,会让双方感受到对彼此的重视,从而更好地解决问题。再者,如果是当事人对于情感学习之间的关系有不太现实的高期待,心理委员可以给他进行一些情感类的宣导,告诉他情感和学习一定都需要占据自己的时间和精力,两者完全不相干是不可能的,同学可以通过改变自己的想法进一步去优化平衡方式,尽量减少两者之间的影响,甚至用感情促进自己的学习。

最后,心理委员需要鼓励同学去实践这些方法,并对他进行简单的随访,了解他的最新情况。

14. 同学总是缺乏学习动力怎么办?

首先,心理委员可以让同学具体聊一聊自己的困惑,通过他的反馈获得一些需要收集的信息。心理委员可以询问同学最近的学习状态,考虑缺乏学习动力是否和学习状态不佳或者遇到其他困难有关。心理委员要尽量去引导他多说一说自己的情况,对他的问题进行初步分析,总结缺乏动力背后的原因。

其次,针对同学谈到的信息,心理委员可以对他无动力的原因进行初步推测,并向他说明自己的推测。准确而言,把推测换成构想更合适一些,最重要的不是心理委员的自我构想,而是让同学自我叙述。如果当事人同意心理委员的说法,就继续进行工作;如果当事人不太认可,就要按照当事人所提供的更多信息做进一步探索。找不到学习动力的原因可能包括对未来规划不清晰、不知道自己学习的目的、不喜欢当前的专业、学习遇到了瓶颈、受其他生活事件困扰等,心理委员需要有一个大致的推测方向,并就此开展进一步的问题解决。

再次,心理委员需要和同学一起头脑风暴,罗列一些可能对问题解决有益的方案。如果是因为职业规划不明确,心理委员可以建议同学去求助职业规划老师,做一些职业规划的问卷和量表等;如果是因为不喜欢当前的专业,那么心理委员可以告诉他选择转专业或者跨专业考研等方法;如果是因为当前学习遇到了瓶颈,心理委员可以帮他看看是哪里遇到了困难,再求助于成绩好的同学等。总之,心理委员需要结合同学的实际情况,和他一起去探讨解决方法,并且鼓励他积极实践。

最后,心理委员需要继续关注同学,一段时间之后去了解他的学习状态是否好了一些,并且适时对他进行鼓励和肯定,增强他解决问题的信心。

15. 如何帮助同学平衡学习和休闲娱乐之间的关系？

首先，心理委员应该积极倾听同学表达的问题，弄清楚同学有困惑的地方在哪里。在这个阶段，心理委员应该把话语主动权更多地交给当事人。如果当事人在表达问题的过程中时不时沉默，不知道该说些什么，心理委员也要耐心等待，必要时给予一些引导。例如，这样问当事人：可以具体谈谈你说的问题吗？你在权衡这两者关系的时候出现过哪些问题？通过提问引导当事人说出更多有关该问题的信息和细节。

其次，心理委员可以帮助同学梳理一下他的问题，让他对自己的问题更加明确。通过同学的描述，心理委员可以对他的问题的症结进行简单猜测，例如：是不是该同学认为学习时间占用了自己休闲娱乐的时间，或者是在某种情况下他不知道如何在两者之间进行选择等。需要注意的是，心理委员不能把自己的猜测强加给当事人，但心理委员需要向当事人表达自己的猜测以获得证实，如果猜测有误，则需要修改。这样一来，心理委员和当事人将会获得从哪方面着手解决问题的信息。

再次，心理委员需要和同学探讨可能有助于问题解决的方式。在这个阶段心理委员也可以给同学提供一些建议，比如可以帮助同学制订一个详细的学习生活计划，包括学习和休闲娱乐安排，然后试着按照这张表执行。具体怎么分配时间要根据当时的学习任务和时间要求来定。同学可以对这张生活安排表进行调整，直到自己可以较好地遵循为止。除此之外，心理委员还可以对同学进行一些心理引导，告诉他学习本来就是生活中的一部分，学习与休闲娱乐并不冲突,只要合理安排,做到劳逸结合,彼此就能互相促进。

最后,心理委员需要继续关注同学的情况,偶尔询问一下他的近况,并告诉他如果有问题可以随时来找自己帮忙。

16. 同学因期末考试挂科心情郁闷怎么办?

心理委员首先要安抚好同学的情绪,表达自己的理解和关心,让同学充分感觉到自己想要帮助他的意愿。心理委员可以鼓励同学多谈一谈这件事情,如果同学总是沉默,消极应对,心理委员可以告知他将消极的情绪一股脑儿地压在心底是不利于身心健康的,并对他当下的心情感受表示理解,让他知道自己很关心他。在建立好良好的关系之后,再进行下一步工作。

其次,心理委员需要和同学一起探讨这次考试挂科的原因。在这个阶段,仍然要将话语主导权交给当事人,尽量引导他去理性分析考试挂科的原因。是因为自己没有认真复习,还是出现了其他让自己分心的事情;是自己考试状态不佳,还是自己在平时的学习中有很多薄弱环节没有解决等。通过这样的理性分析,心理委员可以让当事人了解下一步应该怎么做。除此之外,心理委员还要引导当事人更多地给自己做理性归因,即把考试成绩不理想更多地归因为自己努力不足,而不是自己的能力不足或运气不好等,这样同学才会产生继续努力克服困难的想法。

再次,结合上一阶段找出的原因,心理委员需要和同学商讨可行的解决办法。在这个环节,心理委员可以找学习委员和任课老师提供帮助,仔细分析一下同学的试卷,找到他的短板,并给他提供一些学习方法上的建议。除此之外,心理委员还可以和同学一起制订一个行之有效且不是很难落实的学习计划表,并且鼓励他完成任务之后给自己一些小小的奖励,借此来强化学习行为,激发学习动力,相信下一次考试自己一定会有所进步。

最后,心理委员还需要持续关注同学接下来的学习和心理状况,肯定他取得的小进步,并鼓励他坚持下去。

17. 同学因期末学习压力太大无法入睡怎么办?

首先,心理委员要安抚好同学的情绪,给他做一些心理上的疏导。心理委员可以告知同学:好的精神状态是考试取得好成绩的前提,适度的压力对于学习是有效的,但过度的压力则会适得其反。心理委员也要鼓励同学表达自己这段时间的感受,询问他在学习上是否遇到什么困难,为什么会感受到这么大的压力以至于影响到正常休息。

其次,为了尽快地解决同学的睡眠问题,心理委员可以给他提供一些有助于入睡的方法,比如睡前喝一杯热牛奶,去操场跑跑步,做一些正念冥想和放松练习等。如果同学的情况比较严重,可以建议他去寻求专业人员的帮助,必要时可以辅助用药来解决问题。心理委员还可以鼓励同学去尝试一些其他的方式,看看是否有用再做反馈。

再次,心理委员需要考虑是否能帮助同学找到压力大背后的原因。这一过程可能比较长,必要的话可以在考试结束之后与同学进行详谈。针对同学表述的信息,心理委员可以和他一起探讨可能有效的解决办法,比如是否需要更加合理地安排学习计划,是否需要调整自己的学习动机,如果再有类似的问题应该及时求助等,让同学感受到心理委员对他的持续关注,并且有信心与他一起解决问题。

最后,心理委员需要持续关注同学的情况,尤其是在下一次考试前要去了解他是否还存在无法入睡的状况。如果状况持久无法缓解,应建议同学寻求专业人员的帮助。

18. 同学因缺乏自信而无法专心学习怎么办?

首先,心理委员需要全身心地倾听同学的讲述,了解他的困惑和感受,必要时可以找他身边的朋友们了解他最近的状态,努力拉近和该同学的关系。在这期间,如果同学情绪低落,心理委员要及时对他进行情绪疏导。

其次,心理委员可以和当事人一起探索为什么会出现自信心不足的问题,是否因为努力学习却没有得到好的回报,又或者是自己本身性格的原因等。心理委员在进行这部分工作时,也要引导当事人自己去探索,可以通过一些相对开放的问题鼓励同学多表达。例如:你是否有过努力之后考试成绩依然不理想的经历呢?你感觉是什么原因让你缺乏自信?缺乏自信心还影响到你生活的其他方面吗?通过这些提问,让该同学去更深入地考虑自己的问题,不局限于已有的层面。

再次,针对上一阶段工作的情况,心理委员要积极帮助同学做出一些改变。心理委员可以对同学做一些心理引导,告诉他努力不一定会收获颇丰,但不努力一定没有收获,相信他如果用心去学习一定会有好的收获。心理委员可以帮助同学做一些提升自信心的小练习。例如：让他回顾过去一周内让自己感觉到非常有价值感的事情并具体说说原因；也可以让他思考接下来自己可以做并且能够做好的事情有哪些，如每天读书半小时、锻炼半小时等，通过这样的小事情的积累，逐步建立自信。

最后，心理委员要在平时的学习生活中继续关注同学的情况，让他知道自己是有人关心的，并且积极肯定他在生活中取得的小进步，逐步提升他的自信心。

19. 大一新生因环境适应不良难以投入学习怎么办？

首先，心理委员需要安抚同学的情绪，告诉他刚刚步入大学难以适应环境是很正常的，并非只有他一人遇到类似的困难，以此减轻他的焦虑感。心理委员可以引导同学谈一谈在上大学以前他的生活学习环境是什么样的，上大学之后发生了哪些改变，其中哪些改变让他感觉到难以适应。通过这些问题，一方面可以让心理委员更全面地了解同学的状况，另一方面也有助于同学梳理自己的现状。

其次，针对同学谈到的一些难以适应的变化，比如父母不在身边无人督促，或者课程讲授比较快，老师不会反复重述等问题，心理委员可以和同学一起探讨有哪些解决方法。在这个阶段，心理委员可以先问问同学自己采取过什么样的方式解决问题，是否有效。在同学已经想到并实践过的解决方法上，心理委员可以和同学一起去做一些调整，使方法更加有效。如果同学是因为离开了父母无法自主学习，心理委员可以建议他制订一个学习计划，并在完成某些任务后给自己一些奖励，强化自己学习的行为。也可以建议同学和父母聊一聊，寻求父母的安慰，让他意识到自己已经是一个成年人了，父母不能时刻在身边帮助自己学习。

最后，心理委员可以持续关注同学的情况，看看他在接下来的一段时间内是否有一些明显的改变。

20. 同学因假期在家无法认真学习而感到焦虑怎么办?

首先，心理委员可以让同学具体聊聊自己的现状和困惑，明确同学的具体问题。在谈话过程中，如果同学表现出明显的焦躁不安，心理委员可以采用一些简单的方式让同学放松下来，比如蝴蝶拍、深呼吸等，并表示自己会一直陪伴着他。

其次，心理委员可以做一些自我表露，谈一谈自己在家里学习的状况，表示对他目前情况的理解，并告诉他缓解焦虑最简单的方法就是行动起来。心理委员可以和同学一起想想如何进行在家学习的计划安排。在这个阶段，心理委员要鼓励同学去谈一谈自己原本想在家里完成的事情，然后根据实际情况合理规划。心理委员可以让同学说一说实行这个计划对他来说是否有困难，然后根据他说的一些困难再次进行调整，直到同学觉得自己可以开始尝试为止。

再次，心理委员可以对同学表示肯定，比如告诉他产生这样的心理就代表着他已意识到假期是应该好好利用的，只是一直没有开始行动。心理委员要鼓励他按照今天所谈到的学习安排去试一试，让他自己去感受这样做其实并没有想象中的困难，缓解他焦虑不安的心理。

最后，一段时间后心理委员可以主动询问同学这几天的感受，在学习上是否有了一些进展，让他感受到自己的问题是持续被人关注的。心理委员还要鼓励他继续坚持下去。

21. 同学在读研期间因迟迟未取得科研成果而焦虑怎么办？

首先，心理委员需要安抚同学的情绪，对他表示关怀和支持。心理委员需要引导同学具体谈一谈现状。在这个阶段，心理委员主要采取的是倾听技术和共情技术。如果同学表现出明显的烦躁不安，心理委员可以采取一些放松方法，如正念冥想、深呼吸等，帮助同学平稳情绪，在放松的状态下更有利于解决问题。

其次，心理委员可以和同学一起分析迟迟没有取得科研成果的原因，是因为走了弯路，还是方式方法不对，又或者是平时在遇到困难的时候没有及时向导师和师兄师姐的求助。心理委员要和同学一起讨论造成目前这种状况可能的原因，让同学不再沉浸在目前没有出成果的低落情绪中，而是积极地去寻找根源并考虑如何解决问题。在这个阶段，心理委员要时不时地与同学共情，对他的心情表示理解。如果可以的话，心理委员也可以做一些自我表露，谈一谈自己在科研上遇到了哪些困难，这样做可以让同学感受到科研遇到困难并非他自己一个人面临的问题。

再次，针对上一阶段找到的一些原因，心理委员要和同学聊一聊如何针对这些原因解决问题。在这个阶段，心理委员可以求助于有经验的师兄师姐，请他们给同学目前遇到的瓶颈提出一些切实可行的建议；也可以去和同学的导师交流，这可能是最有效率的解决方法。心理委员还可以和同学一起制订一个合理的科研规划,保证每一天都有所收获和进步,循序渐进,持续努力,相信一定会取得科研成果的。

最后,心理委员需要持续鼓励同学,告诉他如果有任何问题都可以及时向自己求助,焦虑不安的情绪会被持久的行动冲淡。在随后的学习生活中,心理委员也要关注同学的情况,如果他取得了一些成果和进步,要及时对他的表现予以肯定。

22. 同学因不能适应大学的自主学习模式而懒散焦虑怎么办?

针对这种情况,心理委员可以召开一次心理班会,给这些同学做一些心理上的指导。首先,心理委员可以求助于专业的心理老师,或者自己查阅资料,了解一些有关高中学习模式和大学学习模式的差异。在班会上告诉同学高中阶段的学习方式(老师讲授为主,自主学习为辅)和大学阶段的学习方式(老师讲授为辅,自主学习为主)之间是有本质区别的,即同学们需要从被动学习转换为主动学习。只说这些理论可能有些空泛,心理委员可以结合一些心理学上有关不同学习方式的实验,让同学们认识到主动学习带来的效果要优于被动学习。

其次,心理委员可以和大家一起探讨自主学习。包括什么是自主学习,自主学习有什么好处等,让大家畅所欲言。心理委员还可以鼓励大家查阅一些文献资料,找到最具典型性的有关自主学习的定义。在查找资料和讨论的过程中,大家对于自主学习的了解程度逐渐加深,有利于接下来工作的开展。心理委员要在班会讨论之前做好资料的搜集工作,如果有必要,可以分发给各小组,供大家查阅。

再次，心理委员可以引导大家分小组讨论如何培养自主学习的习惯。心理委员要鼓励各小组积极发言，所有方法都可以在班会上说明。比如可以制订合理的学习规划，制订阶段性目标，寻找志同道合的学习伙伴等。讨论结束后，心理委员可以从发言中选出几个最具代表性的答案，邀请全班同学一起探讨这些方法的可行性，以及在实行过程中可能会遇到哪些困难，应如何解决等。通过集思广益，大家可以为预见到的困难提出一些解决办法，增加自主学习的可能性。

最后，心理委员要总结一下班会内容，再次强调上大学之后自主学习的重要性，鼓励大家从今天做起，慢慢适应。心理委员还需要在今后的学习生活中对班里同学的情况进行持续关注，巩固辅导成果。

23. 同学因小组合作出现问题产生了消极情绪怎么办？

为了应对有关小组学习的问题，心理委员可以提前搜集一些与小组合作有关的资料，方便接下来进一步工作。心理委员可以让同学表达小组合作让他产生了什么样的感受，为什么会产生这样的感受，是不是每次小组合作都让他感觉到糟糕。通过这些问题，心理委员可以让同学做一些有关小组合作的信息传递，例如：小组合作的目的是什么，为什么要进行小组合作，通过小组合作可以有什么样的收获，等等。在这个过程中，可以询问同学是否赞成这样的说法，如果不赞成要说明原因，接着心理委员再和他一起探讨为什么目前的小组合作达不到原本的目标。这样一来，可以调动同学去深入了解小组合作,减轻对小组合作的不满情绪,站在更加理性的层面去分析问题。

在同学情绪比较稳定的情况下,心理委员还可以从以下几个方面去收集信息,引导同学进行思考,寻找到一个合适的方法来解决问题。第一,小组作业完成过程中遇到的问题。小组作业是大学阶段常见的课程作业形式之一,但由于各种因素,小组作业完成的效率并不如个人作业高。其中可能有组长的个人因素,如不擅长组织和合理分配任务、不会与成员沟通等,也可能有组员的因素,如组员积极性不高、不配合组长工作等,还可能有一些客观因素,如时间安排不一致等。第二,明确作为小组长应该承担的责任。这个方面是为了让心理委员了解到,同学自己作为组长,有没有较好地尽到组织和调配小组成员的分工以及和成员进行沟通交流的职责等。第三,明晰作为组员应该承担的责任。这一点尤为重要,当组员认为他承担了不应该承担的任务时,也会对需要合作完成的作业感到抗拒。

假如同学将小组作业阐述得十分清晰,并且尝试跟组员沟通了任务分工,但还是存在成员消极怠工的情况,这时心理委员可以让同学考虑向老师汇报组内完成任务的情况,请求老师的介入和帮助。除此以外,心理委员需要跟进同学之后的情况,看看小组合作问题是否得到了改善,必要时可以再次找同学聊一聊,了解他是否还在因为这件事情而烦心。如果小组合作问题是班级共性问题,心理委员也可以联合学习委员,针对小组合作召开一次心理班会。

24. 同学因努力学习也无法提高成绩而沮丧怎么办?

首先,心理委员要安抚同学的情绪,鼓励他详细讲一讲自己近来的经历和感受。在这期间,很可能会勾起同学的一些负面情绪,心理委员需要及时察觉到,并表示自己会坚定地站在他身后给他支持。如果同学不知道该从哪里说起,心理委员可以提一些开放式和封闭式的问题,比如最近学习情况怎么样,上次考试成绩怎么样,在看到不太理想的成绩之后有什么样的感受,是否采取过一些解决措施等。需要注意的是,心理委员在提出这些问题时要保持真诚和尊重,不让对方感受到被冒犯。

其次,心理委员可以对他这个阶段的努力做出积极肯定,并表示自己理解他现在的情绪和感受。如果心理委员自己也有一定的类似经验,可以做一些自我表露,以增进两人之间的关系。心理委员可以给他做一些心理引导,告诉他努力一定是好事儿,是追求上进的表现,但努力的方向和方式也同样重要,努力并不是只拼时间,更多时候拼的是效率。心理委员可以和同学一起去探讨可能有什么样的原因阻碍了学习进步,是学习方式方法不太妥当,还是努力方向出了差错等,让同学更加理性地看待自己的问题,激发他解决问题的动力。

再次,心理委员可以针对刚才讨论的一些可能原因,和同学进一步聊聊有哪些可行的解决方法。如果是学习方式的问题,可以让同学去请教成绩好的同学,看看有没有什么值得借鉴的地方;如果是学习方向的问题,可以让同学去请教任课老师,请老师点明应该朝着哪个方向努力等。这个环节主要是让同学意识到遇到问题并不可怕，任何问题都是可以得到有效解决的。

最后，心理委员需要鼓励同学去尝试这些解决方案，一段时间后再向自己反馈情况，进一步看看还有什么需要改进的地方。在这段时间，心理委员还需要持续关注同学的情绪是否因为问题的解决而有了一些好转。

25. 同学因选择了跨专业考研却不知如何备考而焦虑怎么办？

首先，心理委员应该对同学有继续学习的想法表示肯定，并表示自己会帮助他解决问题，以此来安抚他的情绪。心理委员可以引导同学多谈一谈自己的想法，包括自己为什么会选择难度较高的跨专业考研，对于这一选择是否有清晰的认知，自己未来的职业规划是怎么样的，等等。通过这些问题，心理委员可以大致了解同学目前的情况，摸清同学现在的想法，以及他已为这个想法做了哪些准备工作。

其次，心理委员可以引导同学聊一聊自己的兴趣点在哪里，双方可以一起寻找他的兴趣与职业规划的交叉点，罗列一些可能的专业。心理委员需要告诉同学，考研前期搜集资料的工作是很重要的。接下来双方可以一起探讨有什么途径可以收集到相关的信息。在这个阶段，心理委员可以建议同学去求助于有考研经验的学长学姐，负责学生工作的辅导员等；也可以通过网络途径找到一些适合的方式，比如研招网、各大考研公众号等，通过这些渠道，同学可以更全面地了解自己罗列出来的相关专业。

再次，心理委员可以鼓励同学花一些时间深入了解一下这些专业,最直接的方式就是看一些相关的科普视频或者教学参考书。只有自己亲自看了、读了,才能知道这个选择是不是适合自己。在这个阶段,心理委员可以建议同学制订一个简单的计划安排,给自己一些时间去了解,不要着急做决定。在做完这些计划之后,心理委员可以再次询问同学现在的感受如何,是否有了比较向好的改变。在这种情况下,同学的状况往往会有所好转,因为他知道了自己目前应该去做些什么,而不是只在原地打转。

最后,心理委员还需要继续鼓励他去尝试和行动,并在一段时间之后向自己反馈。不管该同学最后做出什么选择,心理委员都需要给予积极的肯定,鼓励他坚持下去。

26. 同学因家长对他的学习要求过高而感到焦虑怎么办?

首先,心理委员需要给同学一些时间诉说他的困扰,心理委员可以不时地点头,做一些表示自己在认真倾听的回应。如果同学在表达时有些语无伦次,心理委员也要有充足的耐心,必要时可以通过一些问题引导他继续说下去。例如:你什么时候开始感觉到父母给你带来的压力的? 可以具体谈一谈父母给你制订过哪些学习目标吗? 如果你没有达到他们制订的目标会产生什么后果? 通过这些问题,心理委员可以获得更多困扰同学的信息。

其次,在同学谈论这些话题的过程中,可能会因为一些不愉快的记忆而产生负面情绪,心理委员需要即时察觉到,并对他进行安抚。心理委员还需要鼓励同学谈一谈他本人现在更需要的是什么。这样一来,同学会感受到心理委员对自己的尊重和关注。除此之外,心理委员可以和他一起探讨这件事情有哪些可行的解决方法,比如是否可以开诚布公地和家长谈一谈。有必要的话,心理委员可以鼓励同学去求助专业的心理老师以获得更有针对性的帮助。

再次,心理委员可以和同学一起聊一聊如何和家长进行有效的沟通。心理委员在这个阶段可以结合自己的经验提出一些建议,比如事先对谈话进行预设,交流时要心平气和,以尊重平等的语气对话等。角色扮演在这个阶段是一种比较有用的方式,例如先由心理委员扮演同学的家长进行一场模拟对话,然后再进行角色互换,心理委员可以起到示范作用。通过角色扮演,同学可以获得一些如何进行有效谈话的经验,并且还可以预设谈话中可能会出现哪些问题以及如何应对,这样一来同学和家长对话时会更加自信。

最后,心理委员要鼓励他去实践这些方法,并邀请他给自己一些反馈,看看他的情绪状态是否好一些。心理委员要及时了解该同学和家长沟通之后的情况,以便更好地帮助他。

27. 同学因执着于和别人竞争而感到烦躁不安怎么办?

首先,心理委员应该安抚一下同学的情绪,待同学情绪稳定后再让他敞开心扉聊一聊目前的状况。心理委员可以通过提问的方式引导同学表达更多的内容。例如:你一开始的学习目标是什么呢? 是什么契机让你感觉到需要和对方竞争? 如果竞争失败你有什么样的感受? 需要注意的是,提问时心理委员要用一种温和尊重的语气,让对方感受到你是真诚地关心他,而不是对他的个人问题好奇。

其次,根据第一环节收集到的信息,心理委员可以和同学聊一聊这样的竞争可能会带来什么样的结果,有什么样的好处和坏处。比如好处可能是同学也取得了很多进步,有了学习的动力;坏处可能就是整日神经紧绷,无法享受学习本身的乐趣,影响自己的心态等。同时,心理委员可以给同学做一些心理疏导,告诉他竞争本身并不是一件坏事,良性竞争可以促进自身的成长,但过满则亏,持续地执着于竞争会影响自己的情绪,这样一来成绩反而会受到影响。

再次,心理委员可以和同学一起探讨如何改变目前的处境。心理委员可以建议同学出门散散心,周末出去放松放松,找到最佳的状态;也可以去读一些喜欢的书,让自己从持续竞争中脱身。心理委员需要去了解同学自己有什么样的想法,他一直想做些什么事情,然后和他一起把这些事情安排进目前的计划中,分散他对于竞争的注意力。这样一来,同学就会感受到自己目前的境况是可以改善的,从而缓解当下的烦躁感。心理委员还需要鼓励同学去实践,看看这些方法对他是否真的有帮助。

最后,心理委员可以邀请同学在一周后给自己一些反馈,看看那个时候他的状态如何,以便更好地帮助他。

28. 同学因性格内向上课总是不敢提问或发言怎么办?

首先,同学本身的性格特点可能导致他难以诉说自己心里的苦闷,心理委员应该给予其充分的关心,以真诚的态度建立起与他之间的关系,鼓励他大胆说出自己内心的想法,并且无条件地尊重和接纳他。面对这种性格的同学,心理委员应该多加鼓励和肯定,可以适当地提出一些问题引导他谈话。例如:你上课想提一些什么问题呢？你担心提问之后会出现什么情况呢？你有尝试过课后去问老师吗？通过这些提问，心理委员在获得更多信息的同时也可以帮助同学厘清自己的问题，从而使情绪更加平静。

其次，心理委员可以和同学讨论他的性格对自己有什么样的影响。心理委员可以告诉同学性格内向并不是什么缺点，而只是他的一种特征，基因固然是很重要的一部分，后天环境也是不容小觑的。心理委员可以鼓励同学去做一些事情改变自己的内向性格。做这些事情并不意味着当事人一下子就能脱胎换骨，而是在目前的基础上变得更加大胆，比如参加一些集体的活动，在小组分享环节表达看法，在课后去请教同学和老师等，通过这些小的改变来增强该同学在公众场合（上课）提问和表达的信心。

再次，心理委员可以和同学讨论在课上提问可能会产生的一些结果，通过理性分析，同学会明白老师是鼓励大家在课上发言提问的，发言内容不管对错都是同学自己思考的结果。这样一来，同学便会不再那么畏惧上课发言这件事。为了更好地帮助他，心理委员可以和同学进行角色扮演，心理委员扮演老师，同学扮演自己，模拟上课时的情景。心理委员需要肯定同学在其中表现良好的地方，并通过互换角色亲身示范，让同学认识到哪些地方自己可以做得更好。通过这样的方式，同学可以在实践中增加自己上课提问和发言的勇气。

最后，心理委员需要持续关注同学在课堂上的表现，及时对他的提问和发言行为予以肯定，进一步增强他的勇气。

29. 同学的学校课程作业和个人专业发展计划产生了冲突怎么办？

面对这一个问题，心理委员需要理解：学校课程作业和个人专业发展计划之间为什么会产生冲突？许多学生进入大学学习以后逐渐形成了一套适合自己的学习模式，也对自身未来的专业发展方向有了目标。为了达成这一目标，他们会给自己设置需要完成的任务。完成自己设定任务的同时，他们还必须完成老师安排的课程作业，这时两者之间就可能产生冲突。

心理委员认为这一类问题很棘手，一方面因为它是客观存在的冲突，另一方面是因为走进了误区：急于找到有效的方法去解决同学的现实问题。

作为心理委员，首先要聆听同学的具体问题，关注同学被掩盖在学习冲突之下的内心冲突。例如，课程作业琐碎繁多又必须完成，导致个人设定的计划始终提不上日程，这可能会让同学陷入焦虑、迷惘、低自我价值感等负性情绪中。心理委员可以通过情感反映、一般化等技术，帮助同学感受此时此刻的情绪，起到宣泄和舒缓的作用；也要使他们认识到，他们面对的是大学生普遍面临的难题，并非是他们的能力不足等个人因素所造成的。

其次，心理委员可以进一步询问该同学学校课程作业与个人专业发展计划冲突的细节。这一步要避免滑向两个极端：既不要指责同学只顾自己的计划，不完成必修的课程作业；也不要把课程作业贬低得一文不值，盲目鼓励同学以自己的计划为主。心理委员应看到同学在自主学习规划方面的积极品质，以此为突破口帮助同学转变心态,使其以正确的态度看待学校的课程作业设置,认识到完成学业任务与个人专业发展是一体的,增强同学在平衡两项任务上的胜任感。

最后,心理委员可以请同学分享此次交谈后的心得体会,询问他可能会采取什么样的措施来改变现状。对于情绪状态仍然难以转变的同学,心理委员需要持续跟进和陪伴。

30. 同学因学习跟不上进度而焦虑怎么办?

面对这一问题,心理委员首先要关注的是同学焦虑情绪的严重程度。在同学的焦虑情绪严重的情况下,如出现了失眠、注意力不集中和严重的躯体症状等情况,心理委员承担的主要职责是发现问题和传递信息,在与同学进行交谈后,将同学转介给专业的心理工作人员处理;在同学的焦虑情绪轻微的情况下,如表现为对学习的不自信、心情低落等情况,心理委员可以和同学一起交流探索学习方面遇到的问题。心理委员在工作过程中,切记不要强行处理超越自己胜任力的问题,必要时寻求专业人员的帮助,这对自身的角色发展和同学的问题解决都是有促进作用的。

其次,心理委员要具体化同学的学习问题。"学习跟不上进度"是一个界定模糊的问题。心理委员可以采用具体化技术,例如使用以下话语帮助同学准确地表述他们的观点:"你说你的学习跟不上进度,可以具体谈谈表现在什么方面吗?""你认为你的学习在哪些方面跟不上进度?"心理委员在倾听同学表述的过程中,还需要明确同学产生这一类型学习焦虑可能存在的个人因素。例如:过强的竞争意识,同学认为自己的成绩无法名列前茅而产生学习跟不上进度的想法；过低的自我评价，同学对自己学习上的优势视而不见，只看到自己的劣势；设定不合理目标，同学为自己的学习设置了超出现有水平的目标，因为达不到目标而产生跟不上进度的想法；对学习的错误看法，同学可能将学习和生活割裂开来，没有将学习看作正常生活中的一部分，因而无法妥当安排时间完成学习任务，导致学习进度比同期的同学落后很多。

再次，心理委员可以针对同学的具体情况开展工作。例如：对竞争意识过强的同学，心理委员可以帮助他区分想法与事实，"也许你存在这样的想法：你的成绩与你所提到的同学有一定差距，所以你认为你的学习跟不上进度"；对自我评价过低的同学，心理委员可以帮助他找到自己学习的优势，"我注意到你在谈论自己的学习问题时只谈到了缺点，你可以谈谈优点吗"；对设定了不合理目标的同学，心理委员可以帮助他重新思考，将目标拆分成几步，分步完成，"你认为你现在无法达到自己的目标，我们一起看看怎样把你的目标拆分成可以完成的几个步骤"；对学习存在错误看法的同学，心理委员可以让同学以寻求学习方式上的改变为切入口，正确认识学习，增强学习的胜任感。

最后，心理委员可以请同学发表本次交流后的感想，寻找其中的积极点，鼓励同学做出进一步的改变。

31. 同学不会合理安排学习时间怎么办？

进入大学以后，学生的学习生活可以自主安排，不再像高中那样由学校和老师严格安排，因此许多学生会感到不适应。

面对有学习时间安排困扰的同学，首先，心理委员可以了解同学的具体情况,看看他的问题出在哪里。

其次,心理委员可以向同学介绍一些时间管理的方法,如艾森豪威尔决策矩阵(Eisenhower Decision Matrix)。这个矩阵将生活中的事务分成了四个象限,第一象限是重要且紧急的事务,也是优先级别最高的事务,需要立即完成;第二象限是重要但不紧急的事务,可以设定计划逐步完成;第三象限是紧急但不重要的事务,可以尝试放手,不花过多时间在上面;第四象限是既不重要也不紧急的事务,应尽量避免将时间耗费在上面。艾森豪威尔决策矩阵易于理解和操作,心理委员可以让同学就近期的学习事务画一幅象限图,同学在绘制的过程中,其实就已经在思考什么是需要近期尽快完成的任务,什么是不重要可以暂缓的事情等。如果同学感觉绘制四象限图表有困难,心理委员可以让他先将近期的事务全部罗列出来,然后再进行划分。除了艾森豪威尔决策矩阵,还有许多其他的时间管理方法,如 GTD(Getting Things Done)时间管理、番茄工作法、时间轴记录法等,心理委员要多学习积累。如果心理委员自己有行之有效的学习时间安排方法,也可以与同学分享。

最后,在交谈后心理委员可以和同学约定一个星期后进行反馈交流。如果同学做得很好就予以鼓励,并让其表达学习时间安排合理后的感受,以增强同学持续改变的行动力;如果同学没有做到,不要批评,要关注致使他没能做到的原因。

32. 同学成绩优秀但对是否转专业感到很困扰怎么办?

学什么专业是大学生,尤其是大学新生常见的学业选择问题。心理委员身为学生的一员,可能自身也会存在同样的困扰。

首先，心理委员可以聚焦于同学此时此刻的情绪，评估他对专业不满意的程度，以及对转专业的困扰是否让同学产生了不良情绪，这种不良情绪是否又对同学的学习生活产生了不良影响。

其次，在同学情绪状态良好时，心理委员可以引导同学自己分析转专业的利弊。第一，请同学谈谈他对本专业的认识，并帮助他发掘自己现在具有的优势。可以采用"虽然你对本专业感到不满意，但是你现在的专业成绩非常优秀""愿意跟我说一说你是怎么看待现在的专业的吗"等话语引导话题。第二，请同学谈谈对想学专业的认识，以"你谈到想要转到××专业，你对它有什么样的了解"话术引导话题。第三，对情况进行假设。以"假如转专业成功，你现在面临的学习问题会发生什么样的改变"这个提问，帮助同学深入探索转专业的想法。需要注意的一点是，心理委员要让同学感受到这是一个双方共同探索的过程，切记不要代替同学做出选择。

最后，在交谈的末尾，心理委员可以概述讨论的结果，帮助同学梳理自己原来的想法以及在共同探索后产生的新想法。

33. 同学因大学成绩不如高中时期产生了巨大的心理落差怎么办？

从高中升入大学，学生面临着全新的学习挑战。在大学学习阶段，学习的许多方面都与高中阶段差异巨大。第一，学习内容的变化。相比高中的基础学科学习，大学的学习更具专业性和方向性，也需要更强的理解力和领悟力。第二，课程内容的变化。在高中阶段，三年时间主要学习六门科目；而在大学阶段，一个学期可能要学习近十门课程,时间非常紧张。第三,教授方式的变化。在高中阶段,以教师传授知识为主;而在大学阶段,课堂讲述的内容远远不足以学好一门专业,需要同学在课后付出更多时间去努力钻研。第四,学习方式的变化。学习由高中阶段的学校管理式转变为大学阶段的自主安排式,这个转变要求学生有自主规划时间的能力。

高中学习和大学学习截然不同的模式,是很多同学高中成绩和大学成绩差距大的原因。心理委员在了解这一点后,可以对有类似问题的同学逐步开展工作。首先,心理委员仍然将工作的重心放在关注同学的情绪上,用心倾听同学的问题,而不是急于"指导"同学。其次,心理委员可以向同学阐述大学学习和高中学习的区别,帮助同学认识到成绩出现波动是一个正常的现象。心理委员也可以让同学自己分析成绩出现波动的原因,找出问题所在,并用纸笔将问题记录下来,让同学根据自己的能力对问题进行评估,以"现在可以解决""努力一下可以解决""暂时难以解决"的顺序将问题进行排列,找出目前可以解决的问题,增强同学的行动力和胜任力。最后,心理委员可以帮助同学找准自己的学业水平在班级中的位置,使同学对自己有准确的认知。心理委员还可以与同学一起设定进一步的学习计划,帮助其适应大学学习生活。

34. 同学不会合理安排课余生活怎么办?

在大学阶段,学生可以自主安排课余生活,但这种自由也成为许多同学的难题:课余生活应该怎么安排? 心理委员在聆听完同学的具体问题和需求后,可以从以下几个方面向同学展示课余生活的样貌。

（1）完成学业任务。作为一名学生，学习的优先级别最高，应当优先保证学业任务。例如，平时作业能够按时完成，期中、期末考核等能够顺利过关；有学术追求的同学，也可以利用课余时间广泛阅读自己感兴趣方向的文献，尝试撰写学术论文。

（2）参加学校社团。社团活动不仅丰富有趣，而且可以增加同学的工作经验，扩大社交圈子，提高人际交往能力等。学校的社团多种多样，加入社团也可以发挥同学自身的优势和特长。

（3）发展兴趣爱好。在中学阶段，由于有升学压力，同学大量的时间都用于学习考试；在时间安排相对自由的大学阶段，同学完全可以将兴趣爱好重新拾起。

（4）参加竞赛评选。学院、学校、各省份都会举办各种能够锻炼学生能力的竞赛和评比，同学可以参加自己感兴趣或擅长的项目。如果同学不知道获取各项竞赛通知的渠道，心理委员可以提供给他。

（5）提升个人技能。在大学阶段，不仅要抓好学习，还要为进入社会做好准备，因此，同学可以结合自身的专业，合理安排时间考取必要的技能证书。例如，大学英语四六级证书、计算机等级证书、教师资格证等。

（6）制订出行计划。许多同学是在外地读大学，趁此机会走街串巷，了解当地的人文风情也是不错的选择。如果找不到共同出行者，心理委员在愿意的情况下也可以作为同行者陪伴同学。

35. 同学无法平衡学习和参加社团活动的时间怎么办？

社团活动是大学校园里最具特色的活动之一，大部分学生都会加入心仪的社团,但要注意的一点是,社团活动在带给学生充实丰富生活的同时,也占据了学生大量的课余时间。繁重的社团工作和频繁的聚餐出行可能会打乱许多学生的学习计划,因此,平衡学习与社团活动时间就成为许多学生面临的难题。

　　心理委员面对有这一类困扰的同学,首先要了解同学现在的状况,询问同学在近一个星期中多少时间用来处理社团事务,多少时间用来学习。在这一步要注意了解具体的情况,尽量得到类似这样的回复"星期一的下午,我去参加了社团的工作会议""星期六的上午我在图书馆学习了两小时,然后就去参加社团活动直到晚上",避免同学模糊地概括这一周的情况,如"这一周大概都在跑社团""这一周基本没有学习"。

　　其次,心理委员可以与同学一起分析,这一周的社团活动中哪些是必须自己完成的,哪些是可以不参加,或者拒绝参加也不会对社团生活造成较大影响的。要注意,选择权应当在同学手中,心理委员的工作在于评判同学观点的合理性,并对明显不合理的观点予以指出。例如:"你认为这一周的三次聚餐都是必要的,尽管它用掉了你三个晚上的时间。假如这一天(某个具体的时间)的聚餐你没有参加,你认为会有什么影响?"

　　最后,心理委员可以请同学说说新的一周的学习时间安排,以及再遇见不必要参加的社团活动时,他会怎么做。一周后,心理委员可以找同学简单地聊一聊这一周的改善情况。

36. 同学因选不到心仪的导师而缺乏学习动力怎么办?

　　在大学阶段,学生需要选择一位导师指导自己的论文写作,但是每位导师指导学生的名额是有限的,并非所有同学都能选择到心仪的导师。面对因为选择不到心仪的导师而对学习产生倦怠的同学,心理委员可以这样做。

首先,具体了解同学现在的学习状态,以及现在的学习状态和以前的学习状态的不同,并询问现在的学习状态给同学带来的情绪体验。

其次,心理委员可以了解同学与现在的导师的沟通状况。如果同学回答没有和导师进行过沟通,心理委员可以进一步询问没有进行沟通的原因并鼓励同学尝试和导师进行沟通;如果同学回答与导师沟通存在问题,则进一步询问存在哪方面的问题;如果同学回答和导师的沟通状况良好,心理委员就可以请同学谈一谈对现在的导师的想法,从中寻找积极的因素推动同学接受现在的导师。

最后,如果心理委员发现同学无论如何都无法接受现在的导师,可以询问同学是否有尝试和现在的导师以及心仪的导师沟通此问题,有没有在换导师上做过努力以及同学是否知道自己能向谁(譬如辅导员、教务处老师等)寻求帮助。如果同学表示没有进行过尝试和努力,心理委员可以问问同学是否有更换导师的想法并愿意付出行动;如果同学表示已经进行过尝试并没有得到理想的结果,心理委员的工作重点应放在纾解同学苦恼的情绪上。

37. 同学在学习时忍不住玩手机怎么办?

手机会严重影响学习效率,遇到有这样问题的同学,心理委员可以参考以下步骤开展工作。

首先,心理委员要了解一下手机对同学学习的影响程度,是学习一会就忍不住拿起手机来看一下,还是因为沉迷于手机而完全失去了学习时间。对于前者,心理委员还可以细致地询问同学,在一段学习的时间里他拿起手机的次数。

其次,心理委员可以询问同学学习时拿着手机在"玩"什么,并让他尝试说出自己玩手机时的感受,然后问他"这种感受是你希望出现在学习过程中的吗",让同学重新思考自己是否愿意让手机打断或影响自己的学习。

再次,心理委员可以和同学一起制订有效的控制玩手机的方案。例如,在学习的时候将手机的飞行模式打开或者将手机关机;或者在学习过程中,每拿起一次手机就记录一次,并计算本次玩手机的时长,在学习后进行汇总,看看玩手机耽误了多少学习时间。这种将时间量化呈现的方法,可以让同学直观地看到自己学习过程的全貌,更容易发现自己的问题,也更愿意做出改变。

最后,心理委员还可以教给同学一些基本的呼吸放松方法。在学习前花 5 分钟左右的时间进行深呼吸,可以帮助同学减轻学习前的焦躁感;在学习过程中进行呼吸放松也有利于提高学习效率。

$38.$ 怎么帮助不适应自主学习模式的同学?

对于不适应自主学习模式的同学,心理委员需要让他们了解以下四点。

(1)认识到中学学习与大学学习的区别。与中学阶段相比,大学阶段的学习在学习内容(更具专业性)、课程内容(科目更多)、教授方式(以学生课后研习为主,教师教授为辅)和学习方式(由学校严格安排学习时间转变为学生自己安排学习时间)四个方面都有了很大的不同。

(2)学会合理规划时间。心理委员可以向同学介绍一些行之有效的规划时间的方法,如艾森豪威尔决策矩阵、GTD 时间管理、番茄工作法、时间轴记录法等。心理委员可以在和同学交谈的过程中,演示这些方法是如何操作的(这需要心理委员提前学习管理时间的方法)。除此以外,及时跟进同学的时间规划情况也有助于同学改变现在的行为。

(3)学会设定合理的目标。心理委员可以与同学沟通他目前想在学习方面达到的一个目标,比如如果同学的目标是在截止时间之前完成各门课程的结课作业,心理委员就可以和同学一起将各项作业的截止时间罗列出来,按紧急程度安排时间,同时还可以询问同学在完成哪些结课作业时有难度,是否有寻求帮助的途径等。

(4)思考对未来的规划。心理委员可以询问同学对未来的规划,例如在毕业后是直接就业还是考虑升学。思考对未来的规划也有助于同学在目前阶段建立一个有效的学习或行动方案。

39. 专业自带编制的情况下同学困扰于就业还是考研怎么办?

大学中有些专业自带编制,毕业后选择就业相比选择考研更具优势和确定性。在有一定就业保障的前提下,同学缺乏考研的动力,对直接就业还是考研升学感到困扰。针对这个问题,心理委员可以从细节入手进行工作。

首先,心理委员可以让同学谈谈对就业的看法。例如,现在就业的优劣势、可能遇到的问题、自己的职业目标等,这可以促进同学思考是真的想进入教学领域工作,还是只是因为可以获得编制而选择就业。除此以外,还可以让同学对就业的想法进行打分,"假如满分是 100 分,你认为你现在想就业的想法是多少分"?

其次,心理委员可以让同学谈谈对考研的看法。例如:考研能给他带来什么,选择考研放弃就业的不利之处是什么,以及选择考研可能面临什么问题等,这也可以促进同学思考考研对自身的意义。在交谈后,心理委员同样可以让同学对考研的想法进行打分。

再次,了解同学的家庭成员对此问题的看法。就业和升学是人生一项极其重要的选择,通常家人的看法也会对选择产生一定影响。心理委员可以借此了解同学的选择是否能够得到家庭成员的支持。

最后,心理委员可以请同学谈谈对本次交谈的体会。由于心理委员也没有丰富的社会经验,因此在交谈的全过程,心理委员切忌盲目指导同学,重点聚焦于让同学自行分析问题。如果同学仍有很大的困扰,心理委员应建议他去寻求职业咨询师等专业人员的帮助。

40. 怎么帮助同学在高度内卷的学习环境下调整心态?

心理委员要帮助同学解决这个问题,必须先了解学习内卷的相关情况。"内卷"一词在当下已经成为网络流行用语,被高等学校学生用来指代非理性的内部竞争或"被自愿"竞争;也可以指同行间竞相付出更多努力以争夺有限资源,导致个体为获得某项资源付出的努力与其收益不匹配的现象(前者远远大于后者)。这种现象在大学学习中出现,既有外部原因,也有内部原因。外部原因在于大学中处处充满竞争,学生想要获取资源,如转专业资格、评奖学金资格、保研资格等,就必须努力提升学业水平和综合素质,与其他学生竞争。内部原因在于学生对自己未来的规划不清晰、对自己的定位不清晰,导致盲目投入竞争却一无所获,陷入严重的内耗状态。

因此,心理委员首先要了解同学体会到的"内卷"的来源。对此,每一位同学的体验感都是不同的,有的同学可能是因为要竞争某些名额,有的同学可能是因为周围人都在努力学习而感到压力太大等。收集这类信息是心理委员理解同学当前处境非常重要的一环。其次,心理委员要了解同学的学习期望。在竞争压力大、内卷严重的学习环境下,同学希望自己的学习能够达到什么样的程度。对同学的学习期望的把握,可以让心理委员进一步理解同学不良情绪产生的原因,明晰同学的需求。当同学对自身的定位不清晰时,心理委员对他学习期望的询问也可以促使其自主思考。明确的自我定位和学习期望是避免卷入盲目竞争的必备要素。最后,心理委员可以教给同学一些放松的方法,让同学在体验到学习焦虑时可以自己进行放松。

41. 班级不良的学习竞争导致同学关系疏远怎么办?

心理委员在工作中可能会遇到有这样困扰的同学:不良的学习竞争导致同班同学关系疏远。这一个问题包含两个主要信息点："不良竞争"和"关系疏远"。因此,心理委员在进行工作时需要牢牢把握住这两个核心点。

首先,心理委员需要澄清同学所认为的"不良竞争"和"关系疏远"的具体表现以及两者之间的联系。例如,可以通过以下三个类型的问题来引导同学思考:

(1)"你说的不良学习竞争具体指的是什么""你认为目前同学间的学习竞争是不良的,依据是什么"或者"你认为同学间的学习竞争应该表现为什么样才是良好的",以此来探索是否真的如同学所说,班级同学之间存在不良学习竞争的情况。

(2)"你认为同学间关系疏远,具体表现在什么方面""假如(同学说的具体方面)变为(与同学说的方面相反的情况)这个样子,你还认为同学间的关系存在问题吗"。或者从另一个角度切入问题,"你很在意同学间的关系,可以具体谈谈你认为同学间怎样相处才不算疏远吗",以此来探索是否真的如同学所说,同学间存在关系疏远的情况。

(3)"你认为同学间的关系疏远是由不良的学习竞争造成的,可以说说你的依据吗",以此来探索同学的感知是否夸大。

其次,心理委员要注意到,同学的这一个问题似乎避开了自己,而去关注"同学之间"关系疏远的原因。因此,在澄清同学提及的两个概念之后,心理委员一定要深入了解同学为什么在意这个问题。可以采用以下话语开启交流:"你好像非常在意同学之间的关系"以及"你认为同学间关系疏远,你和同学之间的关系怎么样呢",将话题转回到同学自身,探索同学内心的想法。这样不仅可以让同学知道自己想要解决的问题究竟是什么,也可以使心理委员知道该从哪方面给予支持和帮助。

最后,在探索同学内心想法的时候,心理委员可能会遇到同学的抵触和攻击。例如,同学可能会回答"我不知道""我没什么问题""我和其他人的关系怎样关你什么事儿"等,心理委员此时既要觉察自身的情感体验,控制好情绪,避免与同学发生冲突,也要注意在这种情况下更委婉地和同学交谈,向同学说明交谈这个问题的必要性以推进工作。

上述建议仅供心理委员在不知道如何与同学深入话题时使用,心理委员有更好的想法也可以按照自己的想法去做,但切忌一味地站在同学的立场上帮他说话,或站在其他任何立场去指责同学"不应有这样的想法""你只是不适应现在的学习环境"等。

42. 同学因自己努力学习成绩却比不上做作业敷衍的同学而产生心理落差怎么办?

同学存在心理落差,可能会产生不良情绪问题。心理委员首先要做的是关心同学的情绪,仔细听他诉说,表示对他的理解。心理委员可以使用鼓励性技术让同学多表达,将情绪抒发出来,再使用情感反应技术予以回应。

其次,这个问题的核心点在于同学有这样一个想法:自己认真学习后的考试成绩比"他认为的"不认真学习的同学差。因此,心理委员要勇于挑战同学的观点。因为期末考试成绩的高低很大程度上取决于考前复习,心理委员可以从以下两点入手去挑战同学的想法。一是同学在准备期末考试的过程中是否也如平常学习那样认真。可以采用这样的话语:"你认为你对待学习的态度非常认真,可以说说你是怎样备考和复习的吗?"二是同学对其他人学习态度的看法是否属实。"你认为其他人做作业十分敷衍,但也许他们在备考上下了很大功夫，你是怎么看待的？"借此引导同学思考自己观点的合理性。例如：自己的备考方法是否存在问题？其他同学是否并不像自己所想的那样对学习敷衍了事？

最后，这个问题的另一个核心点在于同学和别人比较学习成绩。同学认为自己的成绩不理想，可能是因为和他人的比较造成的，而不是真的得到了一个不够高的分数。因此，心理委员在了解同学成绩的现状后，可以引导同学将学习的关注点放在自己身上。例如：获取期末考试科目的备考信息通道是否畅通？自己的学习有哪些不足？有哪些可以改进的方法？有哪些能够提高学习效率的途径？等等。

43. **如何帮助性格孤僻、学业挂科的同学？**

心理委员能够主动发现同学身上存在的问题并愿意去帮助他，这一点非常值得肯定。

首先，心理委员并不需要操之过急地和同学沟通问题，而应该把工作核心放在建立自己与同学之间的关系上。例如，心理委员可以从主动和同学打招呼开始，渐渐过渡到在见面时闲聊，偶尔约出来吃个饭或者参加某项两人都很喜欢的活动。如果同学鲜少参与班级活动，也可以在举办班级活动的时候邀请他一同筹备或共同前往。当然，心理委员对于交朋友也有自身的喜好，可能也会存在并不喜欢与某一类型的人相处的情况，所以这一步并非是强迫心理委员一定要和同学深度交往，而是强调心理委员对有需要的同学保持常规的交流和陪伴，让同学感受到支持的力量，逐渐愿意与他人相处并融入集体。

其次,在建立好关系以后,心理委员可以尝试询问同学有关学习上的问题。可以采取这样的措辞开始话题:"又要到考试周了,好紧张啊,你开始复习了吗?"这样更像是"普通朋友之间的聊天",而不是"心理委员对同学的盘问",更容易让同学接受。如果同学对该问题有抵触,心理委员不必急于深入话题,可以先放一放,以免破坏良好的关系;如果同学并不抵触学习方面的交谈,但是仍表现出对学习不在意,心理委员可以借机与他聊聊不在意学习的原因,是不是存在学习方面的困难等。

最后,心理委员需要明确自身的工作重点是收集信息和传递信息,同学的挂科问题并不是心理委员与同学进行简单的沟通就能解决的。在有必要的时候,心理委员需要将同学的相关情况反映给辅导员,寻求辅导员的帮助。心理委员要觉察自己在陪伴同学的过程中的心理体验,调节自身的情绪也是非常重要的,感觉不良时可寻求学校心理中心的帮助。

44. 同学无法平衡学习和社交时间怎么办?

首先,心理委员应当将同学的问题具体化。可以用这样的话语来开启话题:"你在处理学习和社交的关系方面遇到了什么样的困难,可以具体说说吗?"具体的问题可能涉及但远不止以下几个方面:

(1) 同学想学习,但是朋友约他出去玩,不知道如何拒绝。

(2) 同学不知道怎么恰当地安排学习时间和社交时间。

(3) 同学因为将大量的时间花在学习上而交不到朋友。

(4) 因为学习竞争,同学和班级其他成员关系紧张。

心理委员了解了同学的具体问题，才能有针对性地对其开展心理工作。同时，明晰具体问题的过程也是让同学重新思考、构建自己的问题的过程，对解决问题具有促进作用。

其次，心理委员可以就同学的具体问题引导同学自己尝试分析和解决。例如，面对"将大量的时间花在学习上而交不到朋友"的同学，可以询问他："你认为是学习时间过长导致你交不到朋友吗""如果减少一定量的学习时间，会对你的学习产生多大的影响""当你能够用更多的时间来社交，你打算怎样去交朋友"。心理委员在这一步可以采用苏格拉底的提问方式，引发同学思考，以此找到问题产生的"症结"。

最后，心理委员和同学一起总结本次交谈的结果，确定可以实施的改变方式。

45. 同学因缺乏学习动力而持续精神内耗怎么办？

这位同学问题的核心在于情绪。首先，心理委员要无条件地积极关注，用心倾听同学的问题，让同学可以无顾虑地倾诉。

其次，心理委员应注意评估同学的情绪状态对生活的影响，可以从以下几个方面入手：

（1）在过去的两周内，同学是否每天大部分时间感到忧郁或者情绪低落？

（2）在过去的两周内，同学是否每天大部分时间对大多数事情的兴趣在减退，或者对平日喜欢的事情也提不起兴趣？

（3）同学的情绪是否影响到了正常饮食（是否大多数时间食欲减退或增加）？

（4）同学的情绪是否影响到了正常睡眠（如入睡困难、夜间易醒、早醒或睡眠过多）？

（5）同学是否感到行动迟缓、提不起精力做事或内心躁动不安？

（6）同学是否几乎每天都觉得疲倦？

（7）同学是否几乎每天都感觉没有价值，或者感觉内疚？

（8）同学是否几乎每天都难以集中注意力，并且影响到了正常的学习生活？

（9）同学是否有想要伤害自己的想法？

如果同学至少存在（1）和（2）中的一种情况，并且至少符合（1）到（8）中的五种情况，心理委员需要在和同学沟通后，将同学的情况上报给辅导员和对接的心理老师，将同学转介到学校的心理中心寻求专业的心理服务。

最后，如果同学不符合上述评估的各种情况，心理委员则可以和同学就"缺乏学习动力"这个问题进行深入探讨。例如，询问同学在最近的学习中遇到了什么问题，有没有什么事情可以让他提起兴趣，在什么情况下他更愿意或更难以去主动学习等，在交谈中注意捕捉同学想要转变的积极观点，鼓励同学做出改变。

46. 同学因大学学习模式与高中不同而失去学习目标怎么办？

大学和高中的学习模式截然不同，这位同学的问题可能在于失去了他人给自己提供的学习规划和树立的目标。高中有学校严格的课程安排和考上好大学这个目标，而到了大学后，同学往往不知道怎么进行自主的学习规划和目标设立。找准问题的核心后，心理委员就可以开始工作了。

首先，心理委员可以和同学一起聊聊学习的近况，内容至少应涵盖以下五个方面：

（1）同学是否能够按课表准时上课？

（2）同学在上课期间是否能够集中注意力？

（3）同学在专业课程学习中是否存在困难？

（4）同学是否能按时完成每项课程作业？

（5）同学课后的学习情况如何？

身为同班同学，心理委员自身可能也有相同的学习任务或体验。因此，在这一步，心理委员可以进行适当的自我表露，就同学谈到的问题聊聊自己是怎么应对的，是否也存在和同学类似的困扰。这个行为的目的并不是让心理委员和同学一起"吐槽"学习，而是将同学的问题进行一般化，让同学明白他的问题并不是他个人的问题，而可能是大学生普遍面临的问题。另外，和熟悉的同班同学（心理委员）就同样的学习问题进行经验探讨也有助于同学改进自己的学习方式。

其次，心理委员可以和同学一起讨论设置一个学习目标。这个学习目标可以是一个短期目标，如三天、五天或一周的学习安排规划。心理委员要引导同学完成设定的目标，如"这三天，你认为可以完成的学习任务是什么"。如果同学感到困难，心理委员也可以根据自己的经验适当给他提供建议，如"我通常会在课前阅读与课程相关的文献，或许你也可以这样做"。

最后，如果同学感到一个人学习比较难以执行学习规划，心理委员可以根据自身情况选择陪伴同学学习或让同学谈谈他是否可以找到一个和他一起学习的同学。如果没有这种条件，心理委员的任务重点则转移至和同学探讨当一个人学习时,怎样将注意力更多地集中于学习上。

47. 同学的情绪总是被各种考试和考核影响怎么办?

对于这个问题,心理委员首先要做的仍然是关注同学的情绪,可以对同学的情绪问题做一个简单的评估。例如:不良情绪持续的时间是多长? 是否对生活中的大部分事情包括原来的兴趣爱好都提不起兴趣? 有没有影响到正常饮食、睡眠、学习? 注意力是否不集中? 是否常常感到精力不足或精力过剩? 人际关系如何? 等等。

其次,心理委员可以将同学的问题具体化,从以下几个方面与同学进行讨论:

(1) 各种考试和考核是指哪些考核?

(2) 这些考试和考核是怎样影响同学的生活的?

(3) 这些考试和考核影响了同学生活的哪些方面?

(4) 同学是否有能够应对的方法?

(5) 其他同学是否也面临相同的考试和考核? 他们是怎样面对的? 是否有可以借鉴的地方?

(6) 通过或不通过考试和考核分别会给同学带来什么样的影响?

最后,就同学的不良情绪,心理委员可以尝试让同学自己找到改善的方法。例如:“在你感受到不良情绪时,你通常会做些什么来改善”“这种方式(同学提出的改善情绪的方法)能够使你的情绪得到多大的改善”“还有没有别的方法能够使你的情绪变好",等等。如果同学在找到改善自己情绪的方法上存在困难,心理委员也可以尝试提供一些方法。另外,如果同学对情绪的改善程度存在表述不清或者表述困难的情况,心理委员可以采用打分模式,让同学对使用改善情绪方法前后的情绪困扰程度在 0～100 区间打分,对比分数的差异来了解同学情绪的改善程度。

48. 同学不知如何应对从高中生到大学生的身份转换怎么办?

角色转换是指个体处在不同的社会地位、从事不同的社会职业(或中心任务),都要有相应的个人行为模式,即扮演不同的社会角色。当个体发现自己的素质与该角色应具有的素质有一定差距时就会产生角色内冲突。这位同学面临的正是由高中生向大学生的角色转换问题。这可能由以下几方面原因造成:一是大学的学习生活与同学想象中的不一样;二是同学没有做好大学的学习规划;三是同学难以达到大学学习任务的要求。心理委员与同学交谈时可以从以下三个方面入手:

(1) 让同学说说自己的体会。从高中生变为大学生,同学认为自己的角色发生了什么变化? 如果同学的想法比较模糊或者心理委员也不知道如何引导同学谈论这个话题,可以参考以下几方面来谈:角色应具有的能力、角色的任务、他人对角色的期待等。

(2) 让同学说说自己的学习生活发生了什么样的变化,包括积极的变化和消极的变化。如果心理委员记不住,可以用纸笔记录下关键字词。积极的变化是支持同学适应角色转变和大学学习生活的力量，这个力量源于同学自身，但目前可能还比较薄弱。心理委员在这一步应努力觉察积极的方面，将积极的可以支撑起同学改变的力量聚集起来。

（3）让同学说说自己是怎样面对刚刚所谈论过的变化的。心理委员可以简单记录同学所采用的应对方式及其有效程度。应对方式的有效程度可以通过同学对自身情绪变化的改善体验来评定。心理委员可以在同学提到的应对方式的基础上进行扩展，让同学思考还有没有其他更好的应对方式。

另外，心理委员也要注意识别同学采用的一些比较负面或者容易造成负性循环的应对方式，如"摆烂"不写作业、成天躺床上、沉迷游戏等。面对以消极的应对方式逃避问题的同学，心理委员接下来的工作则应放在激活其行为上。

49. 同学因难以获得老师的关注而情绪低落怎么办？

面对具有这种困扰的同学，心理委员首先要做的仍然是倾听同学的问题，缓解同学的不良情绪。在倾听的过程中，心理委员应明确同学问题中"难以获得老师的关注"具体表现是什么，把握这个概念有助于心理委员理解问题产生的原因。

其次，心理委员可以让同学谈谈自己对大学老师的期望，比如希望老师怎样关注自己。这一交谈的目的不仅在于将同学的问题具体化，也可以使心理委员评估同学的期望是否合理。除此之外，还可以和同学讨论得到大学老师关注的一些方法，比如主动跟老师交谈，与老师讨论感兴趣的学术问题、作业上遇到的困难，或者在课堂上积极提问和发言等。在这一步,心理委员应将表达权交给同学,在同学想不到获得老师关注的一些方法时才进行引导。例如,"假如课后主动和老师交流学习方面的问题,会不会让你觉得老师更加关注你"。

最后,心理委员要让同学明白大学阶段以独立自主学习为主,老师教授为辅。大学老师即便关注学生,也不会像中学老师那样监督学生的学习状况和学习成绩。心理委员可以尝试挑战同学的观念,向同学抛出这样的问题:"我所了解到的是,在大学阶段,学习是以自主学习为主的,老师更多起到辅助作用,你是怎样看待这个问题的?"帮助同学思考并逐渐认识到大学要以独立自主学习为主。需要注意的一点是,即便是在对同学的观念进行挑战时,心理委员也应时刻关注同学的情绪,予以恰当的情绪反应。

50. 怎么缓解同学因专业调剂产生的学习压力和抵触感?

面对这个问题,心理委员可以从多个方面来了解和收集同学的信息:

(1)同学第一志愿报考的专业是什么?

(2)同学对第一志愿报考专业的了解如何?有何期望?

收集这些信息,一是帮助心理委员了解同学对第一志愿专业的认可程度;二是帮助同学思考自己对第一志愿专业的了解是否足够深入,是否一定非此专业就无法进行学习;三是让同学感受到来自心理委员的支持。

(3)同学有没有转专业、辅修二专业的途径,或者是否做过这方面的努力。这个信息是为了确认同学有没有途径去就读他最理想的专业以及是否在这方面做过努力，这样可以避免心理委员在和同学讨论解决方法时重复同学已经尝试过的方式。

（4）同学对现在所学专业的认识。包括现在所学专业的主要学习内容、就业前景、社会效益、学习所需要的素养、同学自身在学习这个专业上的优势等。由于同学存在抵触情绪，可能之前并没有用心地了解过现在所学的专业。询问这个问题，可以调动同学的思维，由抵触转为去思考现在的专业能够给自己带来怎样的益处。

（5）同学现在所学的专业是否和第一志愿报考的专业有联系。让同学思考两者之间的联系，可以使同学减轻对现在所学专业的抵触感。心理委员还可以进一步引导同学思考是否可以通过自主学习将两者结合起来。

（6）同学现在的专业学习有什么困难。同学学习现在的专业产生心理压力，很可能源于学习上遇到的困难。心理委员可以就此跟同学进行探讨，看看有没有适合同学的应对方法。

51. 同学不适应教师的课堂教学风格怎么办?

在大学中，有些老师非常强调课堂教学形式的丰富性，经常在课程中举办活动，但是这常常需要同学花费一两周的时间去准备，有些同学感到难以适应这种课堂风格。

面对这个问题，心理委员首先要做的是聆听同学的问题并收集具体的信息，主要包括以下几个方面：一是同学为课堂活动做准备花费的具体时长；二是这门课程带给同学的情绪困扰；三是这门课程的重要程度;四是这门课程活动的准备对同学其他学习安排和正常休息的影响;五是尝试缩减花在准备活动上的时间是否可行。这些信息有助于心理委员多方面了解同学的问题,并予以同学有针对性的帮助。

其次,引导同学认识这种教学风格的益处。每位老师都有不同的教学风格,大部分老师的课程设置都是为了将更好的课堂体验和学习氛围带给同学。因此,心理委员可以尝试询问同学关于这位老师的课堂设置的看法,例如,这种设置能够给同学带来哪些收获。思考这个问题的目的在于引导同学去发现,也许这门课程可以给他的学习成长生涯带来许多益处,这有助于同学减轻对这门课程的抗拒心理,更好地适应课程设置。

最后,建议同学与老师沟通解决办法。大学老师和学生的接触不如中学时期密集,有时候可能由于缺乏与学生的沟通,不了解学生的日常学习情况,从而导致课程安排与学生的实际情况产生冲突。心理委员可以询问同学有没有采取过措施来解决这一问题,例如,与老师沟通课程中举办活动的频率问题、在时间不充裕时向老师提出延期举办活动的请求等。引导同学主动地与老师沟通是解决此类问题的关键。

52. 如何帮助同学应对多样化的学习建议带来的选择难题?

在学生生涯中,学生可能接连不断地获得来自父母、老师、学长学姐以及同龄人等的学习建议,但缺乏从中选出适合自己的建议的能力。面对这样的同学,心理委员首先应当了解同学的困惑点。

其次,心理委员可以帮助同学从以下几个方面进行梳理。

(1)同学获取的学习建议。可以请同学将得到的学习建议都罗列出来,再将同一类型的建议归在一起并对它们进行总结和命名。分类和命名的过程有助于同学梳理思路,对得到的建议有更清晰和深入的思考。

(2)同学自己的学习目标。这个学习目标不一定是涉及整个大学生涯或是未来职业规划的大目标,它可以是同学近期想在不同的课程、竞赛或学习任务上取得的成绩。让同学将学长学姐给予的学习建议和同学不同的学习目标进行匹配,也有助于同学思考哪些建议对自己当下的帮助最大,以及哪些建议适合哪个具体的学习目标。

(3)同学目前的学习状况。建议同学梳理他近期的学习状况与表现,再将近期的状况和表现与他的学习目标还有获得的学习建议相比较,这有助于同学发现自己的不足以做出恰当的调整。这整个过程都应以同学自己分析为主,心理委员只起引导作用,不要过多干预同学的想法。

最后,心理委员可以让同学完成一项交谈后的"作业",即梳理本次交谈中涉及的命名、匹配和比较的信息,这有助于同学在交谈后仍能保持清晰的思路,减少困惑。

53. 怎么帮助缺乏学习自信、害怕他人嘲笑的同学?

有的同学可能会有这样的问题:在某门课程上投入了很大精力,但不确定自己能否学好,又害怕别人认为自己的学习是在"闹着玩",从而学习动力变弱,情绪变得低落。

这个问题反映出同学的两个重要的观念:一是同学对自己学习能力的不自信;二是在意他人对自己学习态度的看法。这两点导致同学的学习动力受到影响,进而影响到情绪。心理委员也会发现矛盾之处,同学虽然表示学习动力受到了影响,但是仍然对课程投入精力,而这正是心理委员应该抓住的关键点,即同学的积极力量。

对于同学的第一个观念,心理委员在倾听过程中可以从以下几个方面引导同学转变:对学习能力的不自信可能会让同学在学习时有许多杂念,不能将注意力集中在学习上。因此,心理委员可以询问同学,当他体验到对自己学习能力的怀疑时,耳畔会出现什么样的声音,例如"我真的能学好吗""我学不好这门课程"等,这些思维虽然往往很快就消失,但却会消耗人的精力,而且不一定是真实的。心理委员还可以帮助同学检验这些想法的真实性。例如,让同学列出认为自己"学不好"这一门课程的理由,列出自己能够胜任这门课程的理由,谈谈自己这门课程的学习近况,并比较哪些想法更贴合现实。

对于同学的第二个观念,心理委员可以通过向同学介绍心理学中的"焦点效应"引导其转变。焦点效应是指人们会高估周围人对自己外表和行为关注度的一种表现,心理委员可以向同学指出"也许其他人并不像你所想的那样关注你的学习状态",以挑战同学的想法。另外,心理委员还需要留心的一点是,虽然同学说"闹着玩"是别人会对他产生的看法,但这也许是同学不自信产生的想法向外投射到了别人的身上。因此,心理委员在挑战同学的观念时,也要多多留意同学的情绪。如果心理委员发现说到某一问题时同学的情绪出现了较大的波动,那么它很可能就是解决问题的核心所在。

54. 当兴趣变成课程后同学丧失了学习乐趣怎么办?

在大学期间,学校会开设多种多样的选修课供学生选择。学生可以根据兴趣选择自己喜欢的选修课,但是也会有学生发现:当兴趣成为课程时,就会不自觉地考虑学习效率并与他人比较,使学习变得紧张又缺乏乐趣,背离放松心情的初衷。这个问题很可能反映了同学日常学习的常态:"注重学习效率"以及"与他人比较",而这使得同学即使是根据兴趣选择的课程也不能得到放松。心理委员在和同学交谈时,可以结合这两点深入探讨。

首先,心理委员应了解同学日常学习的状态,是否也会"注重学习效率"和"与他人比较"并因此感到压力。同学给予肯定的回答后,心理委员可以尝试让同学自己分析,他可能会将平时对专业课程的学习态度带到兴趣课程上来。在此过程中,心理委员应先肯定同学对待学习的严谨态度,然后指出用同样的态度对待兴趣课程可能让他感到难以放松。心理委员应避免向同学传递"没必要对兴趣课程那么上心"这一类信息。

其次,心理委员可以帮助同学思考能够让他感受到放松的学习状态。如果同学很难得出结论,心理委员可以就"学习效率"和"与他人比较"这两点与他讨论。例如,同学在兴趣课程的学习中过于注重学习效率时,让他尝试将学习的速度放缓,一边做能让他感到放松的事情,一边完成这门课程的学习任务。

最后,心理委员还可以让同学在忍不住和他人进行比较的时候对自己说"我选择这一门课程是因为我对它感兴趣,而不是要与其他人攀比学习成果",并做深呼吸,让注意力从"与他人比较"这个念头上转移开来。

55. 同学在课堂上总是因他人表现好而分心怎么办?

许多学生可能都有类似的体验:在课堂上核对作业答案时,发现别的同学都完成得很好而自己却存在困难,因此心情沮丧且难以集中注意力听课。

这个问题包含两个要点:一是同学在课堂上容易受到旁人影响而无法集中注意力听课;二是同学认为自己完成作业不如其他同学顺利。面对这样的同学,心理委员可以让他描述一下在课堂上核对答案时的情况,具体可以包括以下几点:

(1)其他同学在课堂上的表现。如果同学用很概括的语言表述,心理委员可以问得更细致一点。例如:同学观察到哪些同学在核对作业时表现很好,大部分同学是否都表现得和他们一样好,当同学注意到这个现象时心中产生了哪些情绪,听课的注意力受到了多大程度的影响,是能够继续听课,还是大部分时间走神,抑或是完全听不进课。

(2)同学自己在课堂上的表现。心理委员在这一过程中可以让同学对自己的课堂表现进行评估。例如,让同学评估自己的课堂表现处于班级成员中的哪一水平或表现得比多少同学要好(在0%~100%的数轴上评估)。如果同学对自己的评估比较极端(比如0或极低),心理委员可以继续尝试引导同学做出准确的评估。例如,让同学把他认为表现较好、表现平平及表现较差的同学分别放在数轴上,再将同学自己的表现与他们一一对比。

(3)同学分心时的情感体验。让同学描述一下当他的注意力转移到其他同学身上,以至于无法集中精力听课时的情感体验。关注同学的情感体验,既有助于心理委员理解同学,也有助于同学感受到心理委员的支持。

56. 同学因完成非专业课花费太多时间而认为自己不务正业且自责怎么办?

大学中的学习既包括专业课程的学习,也包括非专业课程的学习。部分学生在完成非专业课程学习时可能会很吃力,因而花费了大量时间。在学习过程中,学生可能会认为在非专业课上花太多时间是不务正业,因此产生自责感。

首先,心理委员在与同学沟通时,要明确同学这个问题中的两个概念:一是"花费太多时间"具体花费了多少时间,因为不同的学生对同一件事情花费时间多少的感知是不同的,有些同学可能认为在某些课程的课后作业上花费 1~2 个小时是很多时间,而有些同学可能认为某些课程只要布置任务需要他付出时间就是花费了很多时间等,明确这一概念有助于心理委员了解同学的具体情况;二是同学认为的"不务正业"具体表现是什么,对非专业课程的学习是否应包括在"不务正业"的范围里。

其次,心理委员可以了解在非专业课程上投入的时间对专业课学习产生的影响。了解这一点有助于心理委员觉察该同学产生的感受是基于客观现实(比如同学的确因为非专业课程占用了太多时间导致专业课程学习任务无法完成或者成绩达不到理想的目标),还是基于内心的感受(比如该同学也许会认为他应该将所有时间都投入专业课学习)。对于不同的情况,心理委员应采取不同的应对措施。对于前者,心理委员可以跟同学探讨是否能够适当地减少一些学习非专业课的时间,增加专业课程的学习时间,以及如果减少非专业课程的学习时间,是否会对他造成不利影响;心理委员还可以和同学讨论在非专业课程上花费的哪些时间是可以适当减少的。对于后者,心理委员可能需要聚焦于同学的观念,深入了解同学认为花时间进行非专业课程的学习是"不务正业"的原因。

最后,心理委员还可以引导同学深入思考自己是如何看待非专业课中的必修课程或选修课程的。

57. 怎样改变同学依赖他人获取期末备考资料的想法?

部分学生在期末考试周没有便捷的途径获取备考资料,就希望班里的"学霸"能够给班级同学提供备考资料,帮助大家通过期末考试。这一类同学的身上主要存在两个问题:一是希望便捷地获取备考资料;二是希望别人主动帮助自己。心理委员可以结合这两点,从以下两个方面委婉地和同学进行沟通。

第一个方面,引导同学尝试自主获得备考资料。心理委员可以从询问同学获取备考资料的途径入手:

(1)同学现在获取备考资料的途径是什么?如果同学回答说没有获取途径,心理委员可以尝试反问他:同班的其他同学也没有获取的途径吗?是否尝试过自主获取资料?

(2)同学在获取备考资料上花费了多少时间?询问这个问题也是为了了解同学是否在获取备考资料上做出过努力。在这一过程中,心理委员即便发现同学有不想付出努力的苗头,也不应该流露出批评和指责的态度,而是应该尝试提高同学付出努力的积极性。

第二个方面,引导同学尝试主动求助而不是被动等待。心理委员可以从以下两点去挑战同学"'学霸'应主动提供备考资料给班里同学"的观念:

(1)如果班里的同学不向"学霸"求助,"学霸"是否会知道班级里有同学需要帮助?

(2)"学霸"是否有义务为班级同学提供备考资料?

通过这两个问题,心理委员可以让同学明白被动地等待别人帮助是不现实的,毕竟别人并不一定知道他需要帮助,也没有义务帮助他。在此过程中,同学很可能会流露出对备考的消极态度,这时心理委员可以多关注同学的情绪,并尝试与他讨论备考过程中的困难以及可以通过什么样的方式应对困难。

58. 小组活动时因成员预期目标不同而产生分歧怎么办?

在面对以上问题时,心理委员可以从以下两个方面入手。

一方面,心理委员需要分析小组成员预期目标不同的原因是什么,可以邀请组长或成员一起从以下角度分析:

(1)小组成员在接受学习任务时,对于学习任务和目标的理解是否一致?对于学习任务和目标的初始理解很大程度上会影响小组成员的后期分工合作以及目标达成的程度。

(2)小组成员对于该学习任务的态度和动机是否一致?小组成员对于学习任务的态度不同也会使预期的目标不一致。根据成就目标理论,有的成员偏向于成绩目标,更看重学习任务是否能得到高的分数或评价,因此对于任务的预期目标会更高;而有的成员偏向于掌握目标,更看重是否在学习过程中掌握了知识、提高了能力;还有些成员的想法可能仅仅是完成任务即可。

(3)小组成员对完成该学习任务的胜任力是否一致?在组成小组时,有的小组成员能力较强,掌握的知识丰富,实践能力强,因此胜任力也更强,对于预期目标自然也高;而有的成员能力不足或者对学习任务领域不熟悉,其预期目标自然也低。

另一方面,在对小组成员预期目标不同的原因进行分析之后,心理委员和组长可以带领组员一起根据原因进行协商,争取减少分歧,提高团队凝聚力。比如,可以通过以下方法减少或消除分歧:第一,组长在学习任务开始之前进行团体内部沟通,通过沟通事先了解各位成员对于学习任务和预期目标的理解和要求;第二,组长带领组员采用团体决策的规则,比如一致性规则或者多数取胜规则,一起协商出一致的预期目标,并在此期间建立起团体规范,保证预期目标的实现;第三,组长根据各位组员的优势和劣势合理分配学习任务,通过恰当的任务分配增强组员的胜任力和信心,提高合作水平。

59. 同学很努力学习却没有取得实际成效怎么办?

心理委员首先要和同学一起探讨和分析努力学习但没有取得实际成效的原因,这样才能更有针对性地解决问题。心理委员可以先和同学交流,让同学分享自己目前的学习方法和过程,搞清楚同学努力学习的程度,接着再分析原因。

一般来讲,努力学习却没有实际成效的原因可能会有以下几种情况。第一,同学在学习过程中只是看上去很勤奋,实际上只是追求形式主义,在一些无关紧要的地方追求极致和完美,花费大量时间。第二,在学习时一味追求进度,不懂得总结和思考。学习过程中不能害怕失败,面对失败,要懂得反思和总结。第三,学习时缺失方向感,目标模糊。努力学习没错,但是要有正确的方向。没有学习目标,或者目标太多,只会让自己精力分散,使学习效果变差,进度也变慢,以至于没有实际学习效果。学习过程中要有明确的目标和方向,要做好正向有价值的积累。第四,没有掌握好正确和适合的学习方法。有的同学在学习时只是盲目地死记硬背,不知变通,学习效率很低。学习方法有很多,但不是所有方法都适合自己,因此如何找到适合自己的方法很关键。

在探讨了原因之后,心理委员可以帮助同学根据自身原因进行总结和反思,组织学习经验分享会。虽然网络上的学习方法很多,但正因为太多才导致在选择时没有方向。因为面对的环境相似,所以身边同学的方法会更有参考性。结合经验分享和自身情况,心理委员可以和同学一起制订出更加合适的学习方法和学习计划。此外,学习计划还可以请经验丰富的人帮忙修改,比如老师,这能使自己的计划更加科学有效。制订完学习计划后,最重要的就是坚持和自律。心理委员可以和老师一起定期检查同学是否按照计划进行学习,同学也需要对学习效果随时进行自我省察。如果效果不明显,则需要根据实际情况对学习计划进行修改。

60. 同学因为考试成绩和排名不理想而沮丧怎么办?

心理委员在面对这个问题时,第一件应该做的事情是调节同学的情绪。因为考试成绩和排名不理想的同学精神压力会很大，同学会怀疑自己之前的努力，不断将自己和身边的同学进行比较。心理委员在和同学沟通时，不要急于去帮同学寻找原因，而要以真诚、尊重的态度去安慰同学。

首先，心理委员要让同学接受和面对现实，用积极和乐观的心态去面对考试失利。告诉他一次考试失利并不代表什么，要勇于接受失败，从失败中获得经验和教训。心理委员也要让同学明白考试的目的是查漏补缺，发现自己的不足，我们应该以积极愉快的心情来面对考试失利，并采取实际的行动去弥补。此外，心理委员也可以建议同学加强与其他同学的沟通交流，在课余时间敞开心扉和同学积极交流自己的困惑，丰富自己的知识和经验。

其次，心理委员应该掌握部分心理自助的方法，帮助同学合理宣泄沮丧情绪，以恢复心理平衡。心理自助的方法有安全岛、心灵花园、蝴蝶拍、保险箱等，这些方法属于眼动脱敏再加工疗法的系列稳定化技术，可以快速有效地帮助我们应对恐慌感、紧张、忧伤、无力感、疲乏感、失眠等问题，促进稳定情绪，增加安全感。此外，也可以通过正念疗法的稳定化技术应对紧张、心烦、失眠、悲伤、绝望、无助等焦虑、抑郁情绪，比如身体扫描、静如水、安稳山、正念运动等方法。心理委员应丰富自己的相关知识，学习相应的实际操作技能，以便更好地应对同学的情绪问题，帮助同学学会心理宣泄和自我调节的方法。

最后，等同学的情绪平稳之后，心理委员再去和同学探讨考试成绩和排名不理想的原因。在探讨过程中可以去寻求其他同学或老师的帮助，以便更加客观地看待自己的长处和不足，充分审视自己暴露的问题。心理委员也要建议同学针对自己的不足制订相应的计划并坚持执行。

61. 同学因为高中和大学截然不同的环境而感到迷茫怎么办?

心理委员在和有这个困扰的同学进行交流和沟通时,可以先和同学探讨高中和大学的相似和不同之处。总的来说,大学和高中环境的不同主要体现在以下三个方面:

(1)学习管理模式不同。高中时期的学习是在老师的严格管理下进行的,每一步都有老师指导,而进入大学之后,在学习管理上主要是自己对自己负责。只要考试及格就代表完成了课程的最低要求,老师并不会对学生干涉太多,因此在学习上学生更需要自己探索方法并保持自律。

(2)生活状态不同。高中时期学生的生活基本都是三点一线,目标明确,生活规律;进入大学之后,学习任务没有高中紧张,可以自由安排的时间也更多,与此同时,父母对自己的管理也没有高中那么严格,因此大学时期学生更容易松懈。

(3)人际交往不同。高中时期的社交圈子很小,能够认识的人也不多;进入大学之后,周围的人来自五湖四海,学生拥有更多认识其他人的机会,也更容易被人际关系和社交方面的问题所影响。

在了解了高中和大学的不同之后,心理委员可以让同学分享大学的环境给自己带来的具体问题有哪些,比如是否因为学习环境过于自由而失去了学习目标和计划,只有了解自身的问题后才能找到相应的方法走出迷茫状态。以下几点可供借鉴。第一,学习环境的适应。进入大学之后,同学的身份依旧是学生,学习是主要任务。在大学的学习中,学生要找到自己的学习目标,了解自己的专业动态,提高自律意识,掌握大学的学习方法,并不断在实践中找到自己未来的方向。第二,人际关系的适应。进入大学之后,需要处理各种各样的人际关系,比如室友关系、同学关系等,在和他人相处时要互相包容、互相理解。在与他人相处的过程中也可以找到和自己志同道合的人共同激励,互帮互助。第三,培养兴趣爱好。在大学期间,同学拥有更多的自由时间,学习之余也可以通过培养新的兴趣爱好来适应大学生活,找到自己的生活节奏,丰富自己的生活,比如加入喜欢的社团、参加集体活动等,这些都能增强自己的集体归属感,有助于适应大学环境。

62. 同学因为失恋不想学习怎么办?

心理委员在面对失恋的同学时,首先应该做的事情就是倾听,以充分的共情、真诚和尊重来倾听同学目前的困惑。失恋是生活中常见的创伤性事件,会对人造成不容忽视的影响。因为个人特质、生活经历等原因,每个人受失恋影响的程度会有所不同。总的来说,认为人格是很难被改变的人,认为自己不够好、低自尊感和低自我关怀的人更容易受到失恋的影响。对失恋的主观认知也会影响一个人应对失恋这件事的策略。

确定同学因为失恋而影响学习之后,心理委员应该对同学受失恋影响的程度进行判断,分析同学本人对于失恋这件事情的看法以及目前的情绪状态,然后帮助同学调节自己的情绪和行为。

第一,心理委员要告诉同学,他应当接纳自己因为失恋而产生的不良情绪,要给自己时间进行调节,做到及时止损。在此期间,也要照顾好自己,保证足够的睡眠、健康的饮食和适当的锻炼。

第二,建议同学主动联系能够给予自己情感支持的家人、朋友和同学,增加和他们相处的时间;也可以去探索一些新的爱好或者找回旧的爱好,丰富自己的业余生活。

第三,同学产生困惑的原因在于失恋对自己的学习产生了影响,因此在对同学失恋的情绪进行调节后,心理委员可以教给同学一些较为专业的放松和集中注意力的方法,比如音乐疗法。音乐可以通过其特有的表达方式走进人的内心,把人带入想象的情境或意象,从而调节心理状态,缓解不良情绪。

此外,心理委员还可以帮助同学制订学习目标和计划,鼓励他集中精力认真完成学习任务,全力以赴朝着自己的目标前进,并通过这种方式充实自己的生活,摆脱失恋的不良影响,为自己成为更加强大的人而努力。

63. 同学感到科研压力太大怎么办?

首先,心理委员在面对这个问题时,要和同学一起分析科研压力大的原因。科研压力产生的机制包括内外两个方面:外部因素包括研究结果的不确定性,研究内容的创新性,发表结果的竞争性,各种考评机制以及一些人际关系,比如和导师的关系;内部原因则包括一些自身的特质,比如完美主义、过度执着、看待问题的方式单一等。科研是一个长期的、复杂的过程,面对长期的高强度学习任务,产生科研压力是几乎每个科研工作者都会遇见的问题。因此,心理委员首先要和同学进行沟通交流,找出同学科研压力的具体来源,以便有针对性地进行分析和处理。

其次,心理委员要引导同学正确面对科研压力。虽然产生科研压力是很正常的事情,但是不能放任不管,长时间的压力模式会对人的身心造成巨大的不良影响。因此,当科研压力大的时候,心理委员需要告诉同学正视科研压力,从不同的角度看待压力。压力的影响有两面性,有积极的一面,也有消极的一面。适当的压力可以提高注意力,调动内在潜力,提高人的动机水平;而过重的压力则会导致心理危机,影响人的正常学习和生活。

最后,心理委员可以教给同学一些缓解科研压力的方法。第一,改变消极的应对方式,采用积极的应对策略去主动解决问题,提高问题解决能力。比如,在面对研究进展停滞不前时,可以主动和导师沟通,寻求解决方法,而不是拖延或置之不理,导致压力增加。第二,学会合理安排时间,适当给自己放假。长期的科研学习会导致精力不足,适当放松可以积蓄更多的能量。比如感到压力大时可以适当放空休息,也可以和朋友外出散心。第三,不要和其他同学做横向比较。科研压力有时候也来自身边优秀的同学,当他人研究有进展或有结果时,和他人比较只会让自己压力更大,我们要找到自己的科研节奏,专注于自己的学习和研究。第四,学会一些心理宣泄的方法。释放压力的方法有很多,心理委员可以和同学一起找到适合的心理宣泄和调节方法,比如通过运动、音乐、催眠治疗、正念冥想等方法来释放压力。

64. 同学的学习积极性下降了怎么办?

学习是一个较为长期且需要坚持的过程。学习到了一定阶段,大部分人都会出现学习积极性下降、无法集中注意力和无法进入学习状态的情况。心理委员在面对以上问题时，一方面可以和同学沟通交流，告诉同学学习积极性下降是一件正常且普遍的事情，让同学正确看待，用积极稳定的情绪和状态去面对，减少焦虑和内疚自责等不良情绪；另一方面，可以和同学分享提高学习积极性的方法，也可以和同学一起探讨和寻找适合的方法。以下方法可供参考。第一，主动学习以及合理规划学习时间。学习需要主动而不是被动，只有积极主动地学习，才能更好地感受到学习的乐趣，提高学习效率。此外，要合理规划学习时间。长时间的学习只会让精力下降，降低当前乃至之后的学习积极性，因此我们要给自己休息时间，学会放松自己。例如，适当运动或做点其他自己喜欢的事情。第二，学会利用正向反馈。学习带给我们的更多是延迟的满足感，强调的是积少成多、量变到质变，但是长期看不到令人满意的结果，只会让人感到疲倦并丧失积极性。因此，心理委员可以让同学在学习时给自己设置一些每日小目标和完成目标后的小奖励，刚开始可以设置一些比较容易达成的目标，比如预习一个单元的内容，完成后奖励自己一段自由支配的时间。设置完每日的小目标后，再设置每周、每月的目标，在延长目标期限的同时，也增加目标难度，同时完成目标后的奖励力度也要加大。通过以上的方法可以让自己在短时间内获得学习的满足感和快乐感，明确自己每个阶段的目标，从而享受学习的过程。

65. 同学由于课业繁重而内心烦躁怎么办？

学生面临着众多压力，其中课业繁重便是其中之一。心理委员在面对这个问题时，一方面应该做的是调节同学的情绪，教给同学如何在课业繁多的压力下放松自己的方法。心理委员应该掌握一些简单的心理自助和心理减压的方法,帮助同学在内心烦闷时调节自己的状态。常见的心理减压方法有正念疗法的稳定化技术,比如正念运动等。此外,也可以通过音乐、运动来放松自己。另一方面,在掌握了一些心理自助和放松技术之后,心理委员可以带领同学一起探讨课业繁重给自己带来的直接影响,分析哪一方面的影响导致自己内心烦躁。一般来说,课业过多会压缩学生的休息时间,以至于学生没有足够的时间放松和休息,这不仅会影响学生的心理健康,也会影响学生的身体健康。

另外,由于课业繁重,如果学生没有掌握适合的学习方法来提高学习效率,众多的课业只会使自己无法集中精力学习。因此,面对繁重的课业,更需要掌握恰当的学习方法,并通过合理安排时间提高学习效率,不然会导致课业积压,使得情绪更加难以调节。不良的情绪和烦闷的心情反过来也会影响日常生活和学习。因此,心理委员要告诉同学面对繁重课业要调整自己的学习方法,比如,给自己制订合理的学习计划,主次重点分明,掌握好学习节奏。此外,由于课业过多,更需要掌握提高学习效率的方法,比如可以根据自己的状态调整学习内容,挑选自己一天中精神状态较好的时间段完成难度较高的部分。同时也要注意间隔休息,适当的休息可以使思维更加清晰,学习更有效率。

66. 同学在备考复习过程中并没有把自己逼得太紧却还是感到压抑怎么办?

在面对这个问题时,心理委员可以先和同学进行沟通,了解同学在复习备考过程中感到压抑的原因,充分了解同学在备考复习时的困惑。心理委员可以从以下角度和同学进行交流。第一,学习效率方面。同学在学习过程中并没有把自己逼得太紧,因此,心理委员可以从学习效率入手,学习效率低会导致学习的正向反馈也低,在备考复习的过程中,长期的低效率会导致情绪低落,增加备考压力。第二,学习目标方面。设立恰当的目标有利于更有效的学习,备考复习的过程无论是长还是短,都要知道自己的目标是什么,有了明确的目标才能有更加清晰的学习方向。在备考过程中,学生容易对未来产生迷茫感,会质疑自己现在的备考方式是否可以得到预期的结果。同学如果能按计划完成每日、每周的目标,就可以给自己带来满足感和成就感,也能够发现自己的不足之处,从而及时做出调整。第三,看待问题的角度方面。看待问题的不同角度也会影响复习备考过程中的状态,建议同学从积极的角度而不是消极的角度看待问题。如果阶段测试成绩不理想,不要悲观地认为自己很差,而要积极乐观地看待,认为这正是一个查漏补缺的好机会。

同学备考复习过程中感到压抑,心理委员还可以教给同学一些长期和短期的调整方法。从长期角度来讲,同学要掌握恰当适合的学习节奏和学习方法,要使自己可以在复习备考时获得积极的体验和价值感。长期的调整方法包括在复习备考之余给自己充足的休息时间,定期运动,保证良好的睡眠和饮食。短期的调整方法适用于备考过程中突然感到压抑的情况,可以通过深呼吸、正念冥想等方法缓解压抑情绪。如果同学长期压抑甚至影响了正常的学习生活,心理委员要为同学提供一些专业的求助渠道,比如心理咨询等。

67. 同学因多次尝试摆正心态却依旧不能提高成绩而焦虑怎么办?

面对这个问题,心理委员应该先和同学进行初步的沟通和交流,了解同学是如何尝试摆正心态和提高成绩的,多次尝试依旧失败的原因是什么。在沟通的过程中,可以对同学目前的情绪状态和焦虑水平进行初步评估。由于同学已经进行过多次尝试,心理委员一开始可以先对同学的焦虑和痛苦情绪进行调节,做到充分共情,而不是直接给同学提供提高成绩的相关方法和建议,否则可能会让同学产生抵触情绪并对心理委员失去信任。心理委员需要掌握一些心理调节和缓解压力的方法以帮助同学缓解压力,比如音乐或者运动相关方法,这样的方法简便易操作。如果同学在心理委员的帮助下依旧感到痛苦和焦虑,心理委员可以引导同学寻求更为专业的心理援助。

在稳定同学情绪之后,心理委员再和同学一起探讨提高成绩的方法。在探讨过程中,也可以寻求老师或者学习成绩进步大的同学的帮助,将成绩进步大的同学作为榜样,学习他们的成功经验。在这个过程中,由于之前同学经历过多次尝试和失败,因此心理委员最需要做的就是陪伴,给同学提供支持,帮助同学重新建立自信心,提高自我效能感。比如可以陪同学一起去寻求老师的帮助,而不是让同学一个人前往。此外,如果制订了学习计划和目标,心理委员也可以在此过程中陪伴同学,两个人一起学习,互相激励,让同学找到学习的动力,帮助同学获得正面反馈,学会积极的自我暗示。

68. 如何帮助同学缓解考前焦虑症？

　　心理委员在处理这个问题时，先要对考前焦虑症有充分的了解。考前焦虑症属于焦虑的一种，是在考试前产生的期待性紧张不安和担忧，害怕考试失败，心理过度紧张。考前焦虑会出现多种症状，比如紧张、担心、注意力差、记忆力减退、学习效率下降、缺乏自信和学习热情等，在行为方面还会表现出拖延时间、坐立不安、手抖出汗、视力模糊等症状。虽然在大部分情况下，考前焦虑症的状态会伴随着考试的结束而缓解，但是有些学生的焦虑症在考试结束以后不但不会缓解，反而会更加严重。对考前焦虑症的了解可以帮助心理委员对同学当前的焦虑程度做出初步的判断，并根据焦虑严重程度和持续时间判断同学是否需要专业的心理帮助。

　　心理委员应当积极真诚地倾听同学叙述当前的情绪状态。面对同学的考前焦虑症，心理委员可以采取以下方法帮助同学调节。第一，考试前做好充分准备。做好考试的充分准备可以给自己增强信心，缓解压力。第二，重视考试过程。在考试前不要过多设想考试结果，因为过分预期考试结果会加重焦虑感。第三，积极的自我暗示。面对考前焦虑症，心理委员可以让同学进行强有力的自我暗示，比如"我相信自己""我一定可以通过考试"等，通过这种积极的自我暗示可以增加自信心。第四，音乐放松。听音乐是一种简单便捷的缓解考前焦虑的方法，在产生焦虑情绪时，喜欢的音乐可以使人心情舒缓，从而缓解压力。第五，情感宣泄法。当无法排解自己的焦虑情绪时，不妨试着把自己的紧张和不安告诉自己信任的家人或朋友，或者找到一个安全私密的地方，通过放声大喊来缓解压力。第六,心理疗法。心理委员需要掌握一些简单易操作的心理疗法以帮助同学缓解焦虑情绪,比如放松法治疗,即通过调节呼吸和放松全身肌肉来缓解压力。

69. 同学在考研过程中学习压力太大怎么办?

备战考研需要学习的内容多且杂,是一个需要长期坚持的过程,因此考研的学生几乎都会产生巨大的学习压力,而且很容易出现心态失衡。对于考研压力大的同学,心理委员首先需要做的是倾听,让同学有一个适合的倾诉渠道。此外,心理委员可以和同学一起探讨考研学习压力大的原因并分析同学在考研过程中值得鼓励和需要改进的地方。考研压力大的原因主要有时间战线过长、复习效果不佳、复习内容过多、缺少适合的复习方法以及对考研结果的担忧等。面对各种原因,心理委员要让同学正视自己目前的压力,并为之做出改变和调整。以下方法可供参考。第一,做出合理清晰的考研规划。考研是一项复杂的系统工程且时间跨度长,面对这种情况,必须制订一份清晰合理的考研规划,合理安排考研过程中的各项事务,这样在学习过程中才会有条不紊。考研的规划包括考研的目标、每季每月每日的学习计划等。制订考研规划时,需要合理评估自己的基础水平,不要好高骛远。规划要细致可执行,不能泛泛而谈,制订难以完成的计划只会增加自己的学习压力。第二,建立正向反馈。考研是一场持久战,同学要学会给自己建立积极的正向反馈,让自己在长期的学习过程中产生成就感,提高自我效能感。比如学习过程中采取先易后难的方式,完成学习任务后可以给自己适当的奖励。第三,掌握解压方法,学会自我调节情绪和心理宣泄。每个人都有适合自己的解压方法,比如通过散步、运动或听音乐等方法来缓解压力。心理委员也可以教给同学一些其他的心理放松方法,比如呼吸放松和正念冥想等,让同学在压力大的时候有更多的选择。

70. 同学为考取资格证书经常熬夜感到压力太大怎么办?

　　心理委员在面对这个问题时,可以先和同学沟通,了解同学目前考证的情况以及想考取这些证书的原因。心理委员应耐心倾听同学目前的困惑,然后和同学一起分析考取各种资格证书的过程对同学当前的正常生活产生了哪些影响。针对同学考取各种资格证书的行为,心理委员可以从以下角度思考并给同学提出建议。

　　第一,选择正确适合的证书。同学考取各种资格证书感到压力大,心理委员可以和他一起探讨并判断目前所考的证书中,哪些是必要考的,哪些是可以暂缓或者不必要考的。针对自身的职业规划和未来需求,分清证书的轻重缓急,选择自己真正需要的证书,并做到有重点、有针对性地去考取。

　　第二,避免在考证过程中舍本逐末、急功近利。考证是为了增加自己未来就业的机会,但是在考取各种资格证书的同时,不能将自己的专业学习抛之脑后,要避免急功近利的心理,避免陷入为了考证而考证的循环当中。

　　第三,尊重同学的选择,充分理解和共情同学。同学因为时间不够而选择熬夜,这会影响他的身心健康,也会影响他的日常学习和生活。心理委员可以和同学一起制订恰当的学习计划,做到合理利用时间,合理安排自己的作息和饮食。

此外,由于同学感到压力很大,心理委员可以教给同学一些心理放松和缓解压力的方法,比如音乐疗法、呼吸放松法、正念运动等,通过自我调节来缓解部分压力。在后期心理委员也要积极给予同学关注和关心。

71. 如何帮助同学全身心地投入学习?

对于大部分人来说,学习是一个容易感到枯燥的过程,因此,想要全身心地投入学习,更需要掌握恰当的方法。心理委员可以给同学提供一些学习建议,但是这些建议需要和同学一起探讨分析,这样可以增加同学的自主性和能动性。在必要的时候,还需要寻求老师等专业人士的帮助分析这些学习建议是否恰当合理。以下建议可供参考。

第一,找到学习的动力和目标。想要全身心地投入学习,需要找到自己的目标和动力,这样学习才能有方向。比如,为了期末考试制订的学习目标,可以是期末考试达到多少分或者提高多少名次。第二,调整学习心态。学习心态对学习过程有很大的影响,在学习过程中不要给自己制订不切实际的目标,要学会摆脱完美主义等思想,正确面对失败,学会从失败中汲取经验。学习时也要做好良性对比,不要盲目和他人比较,要坚持自己的学习节奏。第三,制订恰当的学习计划。合理的学习计划更有利于有条不紊地学习,制订的学习计划要切实可行,要具体、全面分析自己,准确找出自己的长处和短处,明白自己学习的特点,这样制订的计划才会更有针对性。第四,寻找合适的学习环境。一个安静适合的学习环境更有利于自己全身心地投入学习,如图书馆、自习室、教室等地方。在学习的时候,要远离手机、平板电脑等物品,这样才能提高注意力和专注度。第五,注意劳逸结合。全身心的学习不代表要一刻不停地学习,学习之余更要保证充分的睡眠和休息,高强度的学习只会降低学习效率,使得自己过于紧张。

72. 如何帮助同学平衡恋爱和学习时间?

大学期间,恋爱与学习时间的分配会对学习和生活产生极大的影响。如果恋爱与学习的关系处理得当,恋爱就可以成为学习和生活的催化剂,使人更加有前进动力;如果处理不当,则会分散精力,影响情绪。心理委员在面对以上问题时,可以先与同学沟通交流,了解同学目前恋爱和学习的时间分配情况,并分析这种分配是否会给同学带来不利影响。在进行关于恋爱与学习时间分配问题的沟通时,心理委员可以先听取同学的想法,了解同学对于恋爱和学习的理解,而不是一开始就提出自己的想法。心理委员更需要做的是倾听,以及时刻观察同学在交流过程中对于自己目前的时间分配的态度和情绪。之后,心理委员也可以向同学提出自己的想法,让同学在时间分配的选择上能够跳出自己的角度,从旁观者的角度看待自己的选择。

作为学生,要正确处理好学习与恋爱的关系,要分清学习与恋爱的主次地位,合理分配恋爱与学习的时间。心理委员可以从以下角度和同学进行分析。第一,学习和恋爱分开,合理安排时间。想要学习、爱情两不误,合理安排时间是关键。学习的时间就专心学习,恋爱的时候就专心恋爱。两个人也可以一起学习,但是这需要更强的自律意识。第二,学习为主,恋爱为辅。作为学生,主要的任务还是学习,不能因为恋爱忽视了学习。第三,学会沟通。恋爱是两个人的事情,在学习和恋爱的时间分配上可以和恋人沟通。在学习任务紧张时,两人可以商量减少恋爱相处时间,相互促进,形成积极健康的恋爱关系。

73. 同学因学习时注意力很难集中而焦虑怎么办?

心理委员在面对这个问题时,可以先和同学进行沟通交流,倾听同学此刻的焦虑情绪。如果在倾听过程中,心理委员察觉同学的焦虑程度偏高,可以使用一些缓解焦虑的方法对同学此刻的情绪进行调整和安抚,如蝴蝶拍、深呼吸、正念冥想等便于操作的方法。也可以让同学学习这些方法,以便需要时进行自我调节。对于焦虑情绪的调节可以起到辅助作用,但是不能让同学一直在这种焦虑中反复。因此,在对同学进行安抚后,心理委员可以和同学一起分析学习集中不了注意力的原因并讨论相应的处理方法。

(1)是否因为睡眠不足或者运动过少导致精力不足? 生理方面的原因会在很大程度上影响注意力的集中,有规律的锻炼和充足的睡眠可以改善生活状态,对自己的学习也有积极的促进作用。

(2)在学习时身边是否有过多的干扰源? 心理委员要让同学明白人的自控力是有限的,当身边出现具有诱惑性的事物或者其他干扰源时,注意力就会比较容易被分散。比如,在学习的时候身边放着手机或电脑等电子产品,或者朋友邀请你出去玩,处于学习状态的人就很容易分心。此外,如果学习环境不适合学习,也容易导致集中不了注意力,比如学习环境太过吵闹。在不适合的环境中学习会消耗自己的自制力。

（3）是否一心多用？当大脑在多个任务中切换时，会造成注意力的消耗，比如一边学习一边聊天就会难以集中注意力。只有专注做一件事才能够提高学习效率，增强注意力。

（4）是否忽视了适当休息的重要性？由于集中不了注意力，学习效率会变低，有的同学会选择采取增加学习时间来弥补效率不足，然而，长期的学习会使人感到疲劳，如果不进行适度的休息，会使得精力下降，这样反而更集中不了注意力。因此，在感觉精力不足和疲惫时，可以进行适当的休息，放松自己的身体和大脑。

74. 如何帮助同学合理规划学习时间？

在面对这个问题时，心理委员应该和同学进行有关学习时间规划方面的沟通，了解同学提出学习时间规划方面问题的原因，以及学习时间规划是否给同学带来了困扰。心理委员要在和同学的沟通交流中充分了解同学的现状。

首先，如果同学因为学习规划方面的问题影响了正常的学习生活，甚至产生了不良的情绪体验，心理委员应该积极关注同学的不良情绪，比如同学目前是否因为该问题而处于焦虑、迷茫等状态。心理委员需要掌握一些准确识别不良情绪和心理体验的方法。当察觉到同学情绪状态不佳的时候，心理委员需要采取一定的措施，比如真诚地倾听与共情，给同学介绍一些缓解心理压力的方法。必要的时候，心理委员还需要陪伴同学去寻求更加专业的心理帮助。

其次，在同学因为学习时间规划问题来寻求心理委员的帮助时，心理委员不应该直接为同学提供有关学习时间规划方面的办法，这样可能会使得同学过于依赖心理委员，从而失去自主性。此外，心理委员也只是学生，所提出的建议可能会面临着可信度不高、让同学失去对心理委员的信任等问题。心理委员应该和同学一起分析当前的问题，探讨如何合理安排和规划学习时间。这样做可以帮助同学建立自主性，树立自信心，也可以让同学有更好的参与感和积极性。与此同时，心理委员还可以陪同学一起寻找专业人员的帮助，比如教师或者学习时间规划方面比较有经验的学长学姐，使得学习时间规划更加可行。

最后，在做好学习时间规划之后，心理委员可以陪伴同学一起执行，并根据实际情况进行适当修改。在时间规划的执行过程中，心理委员也可以继续陪伴同学，在同学同意的情况下，可以对同学的时间安排上进行监督，提高同学的自制力，帮助同学更好地履行学习时间计划。

75. 同学总因自己考试准备不充分而心烦怎么办？

首先，心理委员在面对以上问题时，应该和同学进行初步的沟通和交流，关注同学的情绪和心理状态。心理委员需要掌握一定的识别心理问题和状态的方法，并且在与同学的交流中，了解同学目前的情绪状态如何，是否影响了正常的生活。如果同学状态不佳，心理委员需要对同学目前的状态进行评估，并帮助同学进行情绪方面的调节。例如，可以让同学尝试听音乐、和朋友倾诉、正念冥想和正念运动等，让同学通过合理的心理宣泄方式来缓解压力和焦虑，并在适当的时候寻求心理老师和专业人员的帮助。

其次，除了全程关注同学的情绪和心理，心理委员还应该在和同学的交流和相处中，厘清同学觉得考试没有准备好的原因，也可以从旁观者的角度评估同学目前复习的进度和效果，判断同学是真的没有准备好考试还是因为考前焦虑所致。比如，从外因看，是否考试复习内容太多太难或者时间太紧；从内因方面分析，可以包括同学的性格、复习过程中的消极归因等。心理委员可以和同学一起分析造成自己觉得考试没有准备好的原因。知道了原因，才能更好地帮助同学。

最后，除了心理方面的调节，心理委员也可以采取其他方法帮助同学缓解焦虑。第一，让同学将此时心里害怕的事情写下来，是担心成绩不好会让家人失望还是担心考试退步？让同学正视内心的恐惧和需求，勇于接纳和做出改变。第二，进行模拟考试。同学担心自己考试准备不充分，心理委员可以陪他进行一场模拟考试，这样既可以查漏补缺，也可以让同学对自己的焦虑心烦以及未知结果有一个心理准备，也可以帮助同学判断是否真的是因为准备不足而导致的焦虑心烦。第三，使用积极暗示。在感觉自己因为准备不足而焦虑时，可以给自己积极的暗示和鼓励，比如"我已经准备好了""考试内容并不多"，通过这种积极的暗示和鼓励建立自信心，减少消极想法的产生。

76. 同学因考试失利而心情沮丧怎么办?

心理委员在面对以上问题时，首先应该关注的是同学目前的情绪状态，积极真诚地倾听同学此刻的想法，充分共情同学，以平等尊重的方式对待同学。心理委员应掌握必要的心理问题识别方法,判断同学此刻的情绪状态,帮助同学调节沮丧的心情。除了一些常见的做运动、听音乐以及向身边的亲人朋友倾诉等方法外,心理委员也可以教给同学一些心理自助方法,帮助同学在需要的时候调节自己的不良情绪,比如正念冥想、呼吸放松等。心理委员应熟练掌握一些心理自助和缓解压力的方法,以便及时帮助同学。

其次,在进行心理方面放松和缓解的同时,心理委员也可以陪伴同学在行为上做出一定的调整和改变。考试失利以后,同学不能一直处于低落沮丧的情绪当中,这样只会影响同学正常的学习和生活。心理委员可以帮助同学寻找一些走出沮丧和低落的方法。例如,帮助同学直面失败。考试失利可能有各种原因,除不可避免的外因外,内因也不可忽视,因此,考试失利以后要接受失败,并从失败中汲取经验和教训,同时也要用积极的思维方式和视角来看待自己,提高自信心。心理委员也可以建议同学通过放松的方法来缓解沮丧情绪。当同学因为考试失利陷入沮丧、挫败时,可以适当放松自己,例如,去看场电影、吃顿美食等,这样可以让头脑更加清醒,也有精力和能量去思考接下来的行动。此外,心理委员也可以陪伴同学去寻求老师或者其他同学的帮助。通过与专业课老师交流,同学可以从更加客观的角度看待自己此次考试失利的原因,并明白自己应该如何做出改变。

最后,由于同学所面临的问题是不知道如何缓解沮丧的心情,心理委员在采取措施和方法帮助同学之后,如果同学依旧处于低落的状态,甚至影响了正常的学习和生活,此时心理委员就要学会积极利用身边的心理资源,鼓励和带领同学去寻找专业心理老师的帮助。

77. 如何帮助考试作弊被抓的同学调整心情？

心理委员在面对以上问题时，对于同学的作弊行为不能急于去批判。考试作弊被抓后，相关老师会对同学做出惩罚。同学因为考试作弊被抓产生了不良情绪，当他来寻找心理委员帮助时，此时心理委员如果再以批判的话语和行为去对待同学，会给同学带来更大的心理压力。心理委员需要做的是积极倾听和共情同学此刻的心情，识别出同学此刻的情绪状态，并帮他做出相应的调整。如果同学感到焦虑不安、恐惧、绝望等，心理委员可以使用一些稳定化的技术，比如安全岛技术、心灵花园技术和正念冥想技术等。在和同学交流的过程中，心理委员可以通过和同学的沟通来分析同学考试作弊的心理，以便更有针对性地帮助同学调整心情。考试作弊心理主要包括依赖心理、功利心理、虚荣心理和投机心理等，了解不同心理的背后成因才能有重点地寻找同学作弊的原因。在这个过程中，心理委员要引导同学去主动分析，提高同学自我反思的能力，要让同学明白应该知错就改，调整好心态，将目光往前看。

此外，除了心理方面的调节方法，心理委员也可以教给同学一些其他的调整方法，例如，可以将自己的情绪写下来。同学将情绪通过字面呈现出来后，在取得同学同意的情况下，心理委员可以帮助同学一起分析是否有一些不合理的消极认识，如"我作弊了代表我一辈子就完了"。心理委员可以通过理性情绪疗法帮助同学调整和修正不合理的信念。此外，同学也可以通过建立新的学习计划来充实自己的生活，减少回忆作弊和产生消极想法的概率，争取在下一次考试的时候取得进步，重新建立自己的信心和老师同学对自己的信任。

78. 同学因长时间放松后难以进入学习状态而沮丧怎么办？

首先，心理委员在面对以上问题时，可以和同学进行沟通和交流，积极倾听同学目前的困扰，并从谈话中对同学目前的心理状态进行一定的评估。因此，心理委员应该要了解和掌握一些基本心理问题的识别方法，这样才能更好地识别同学此刻的情绪状态。发现问题后，心理委员应该先对同学的情绪进行调整。长期消极沮丧的情绪也不利于同学更好地进入学习状态。心理委员可以采取一些心理放松和调整的方法，从长期和短期两个方面来帮助同学调整心情，比如呼吸放松和正念冥想等。

其次，心理委员可以和同学一起分析长期松懈后进入不了学习状态的原因，只有明确原因之后才能让同学找到改正的方向。通过查找原因，心理委员可以帮助同学找到合适的方法进入学习状态。第一，慢慢调整心态。长期松懈后要再次进入学习状态并不是一个即刻的过程，而是一个长期的过程，因此改变并不是一件容易的事，不能太过于急迫，可以从小的目标开始，并在完成小目标后对自己进行奖励，形成正向激励。第二，创造一个适合学习的环境。在松懈的环境中学习，只会让自己恢复到之前松懈的状态。人很容易被环境影响，因此，心理委员可以让同学离开容易让自己放松的环境，给自己营造一个适合学习的新环境，类似于自习室、图书馆这样的地方。在新的环境中要远离娱乐设备，让自己能够在新的环境中形成专注学习的习惯。第三,学习时通过记录来鼓励自己。通过记录下自己觉得有成就感的事情,提高自己的自信心、学习动力以及对自己的掌握感。

最后,心理委员要对同学进入学习状态的情况进行一定的监督,帮助同学提升自制力。此外,心理委员还要在同学改变的过程中给予同学积极的鼓励和反馈,让同学感受到陪伴和支持。

79. 同学因学习时给自己太多压力而焦虑不安怎么办?

在面对该问题时,心理委员首先要和同学交流和沟通,了解同学给自己施加太多学习压力的原因。例如,除了对自我学习的进取心和高要求外,是否也有其他原因,比如父母对自己有很高的期待,或者同学之间竞争压力太大等。厘清同学给自己施加太多学习压力的原因以及不安情绪的具体来源后,心理委员的工作才会更加有方向性。

其次,心理委员需要帮助同学缓解不安情绪。在缓解不安情绪之前,心理委员需要对同学目前的情绪状态进行一定的评估,了解同学此刻面临的不安情绪是否对其正常生活产生了不良影响。心理委员可以采取一些缓解压力的心理宣泄方法,如呼吸放松法、正念运动法,让同学经过尝试之后找到适合自己的放松方法。此外,也可以通过运动、音乐等方式来放松,比如压力大的时候去跑跑步,听听自己喜欢的音乐。此外,心理委员也可以和同学一起将学习内容和目标框架化,一起分析哪些学习任务是必须完成的,哪些是属于额外完成的,有没有超过自己学习能力和学习时间的部分。心理委员可以和同学一起寻求老师的帮助,将同学目前的一些学习任务和目标合理化,让内容更适应同学此刻的情况。同学也可根据自己的能力制订学习目标和计划,最重要的是将自己的学习目标清晰化、具体化,这样可以让自己的学习压力从抽象变得具体,从而发现有些学习压力是不必要的。不安的情绪更多来自对未来的迷茫和未知,因此具体的目标可以很好地缓解同学的不安情绪。

最后,对于同学的不安情绪,心理委员可以进行随时跟踪和关注。放下额外的学习压力不是一个短期的过程,因此心理委员后续也要保持对同学的持续关心。

80. 同学因跟不上老师上课的节奏成绩退步而郁闷怎么办?

心理委员在面对这个问题时,首先需要和同学进行沟通与交流,了解同学此刻心情郁闷的程度和持续时间,以此来判断跟不上课堂节奏导致成绩退步这件事情对同学的日常生活是否造成了影响。例如,心理委员可以询问同学郁闷的心情是持续存在还是在特定时间点出现,心情低落郁闷有没有影响最近的睡眠、饮食以及社交等。如果同学表示影响了自己的饮食和睡眠,心理委员就可以根据同学的回答询问更多的细节,比如是失眠还是早醒,持续时间如何等。心理委员要掌握基本的心理问题的识别和判断方法,以便更加快速有效地帮助同学。

其次,在掌握了同学的基本信息和细节之后,心理委员可以判断同学的情况是否需要专业心理老师的帮助。如果同学目前的情况比较严重或者持续了较长时间,心理委员需要带领同学去寻求专业老师的帮助;如果同学的不良情绪比较轻微,心理委员可以教给同学一些调整心情和缓解压力的方法,并帮助同学找到适合自己的调整方法,如呼吸放松、正念运动和正念冥想等。此外,心理委员还可以建议同学多找身边的朋友或者家人倾诉。

最后,除了心情的调整之外,心理委员也需要和同学一起寻找解决跟不上老师课堂节奏这个问题的方法。同学跟不上老师课堂节奏导致成绩退步,心理委员可以建议他进行一些学习方法上的调整,比如进行课前的预习,利用好课余时间进行知识的整理和复习等。大学课堂内容多,老师讲得也快,因此同学更要做好预习和资料的收集整理工作。此外,心理委员也可以建议同学利用好丰富的网络学习资源。大学时期更多强调的是自主学习,因此要有计划、耐心和保持自律,并在学习中找到自己的学习节奏。另外,也可以寻找授课老师的帮助,请老师推荐一些相关的专业书籍,以便更有针对性地进行学习。

81. 同学自己不想学习却又因身边的人都在学习而感到压抑迷茫怎么办?

首先,心理委员在面对以上问题时,要与同学进行沟通和交流,充分共情同学,积极倾听同学目前的困扰。心理委员需要在此过程中了解同学此刻压抑和迷茫的心情是否已经影响了同学的正常生活,比如同学是否因为不良的情绪和心情导致失眠、食欲下降,参与活动的积极性是否变低等。此外,心理委员也需要了解同学压抑迷茫的情绪持续了多长时间、程度如何,是否有必要寻求专业心理老师的帮助。因此,这也要求心理委员掌握一定的专业心理知识,具备识别心理问题的基本能力。心理委员可以教给同学一些专业的心理调整方法,比如蝴蝶拍、正念冥想以及呼吸放松等。

其次,心理委员需要在和同学的沟通过程中了解同学不想学习的原因。心理委员可以和同学一起探寻"不想学习"这种想法产生的原因。例如,是因为学习内容太多或太难导致同学不知道怎么学以及从哪里开始学;是班级学习竞争压力太大,同学担心自己就算努力学习也不能够名列前茅;还是因为找不到适合自己的学习方法或找不到适合学习的环境。厘清了同学不想学习的原因,心理委员才能更有针对性地帮助同学。

最后,心理委员要激发同学学习的动力。同学虽然不想学习,但是看到其他人都在学习却会产生压抑和迷茫的情绪,说明同学对于学习并不是无动于衷。心理委员可以帮助同学一起寻找学习的内在动力和外在动力,制订学习计划,从小的学习目标开始,安排好日计划、周计划、月计划,在其中可以加入奖励和激励机制,给学习形成积极的正强化,让自己更有动力去学习。心理委员还可以建议同学找到适合自己学习的固定空间和时间,比如图书馆、自习室等,在有学习氛围的地方学习更容易进入状态。在学习期间,也要学会远离手机等干扰物,集中注意力学习。

82. 如何帮助同学处理写毕业论文和找工作之间的矛盾?

心理委员在面对该问题时,首先要从同学目前的压力角度出发和同学进行沟通和交流,充分共情同学,积极倾听同学目前的困扰并给予反馈。同学此刻面临着较大的压力,需要一个可以倾诉的渠道。心理委员的耐心倾听对于同学来讲也是一个宣泄渠道,可以释放一部分压力,逐步稳定情绪。对于压力的排解,心理委员也可以教给同学一些其他的宣泄方法。例如,同学可以通过运动来释放压力,也可以听听音乐或者去做其他自己喜欢的事情,如看电影、睡觉等,只要能保证自己可以得到休息和放松即可。此外,心理委员还可以介绍一些更为专业的心理放松方法来帮助同学,如呼吸放松、正念冥想等。

其次,心理委员要在和同学的沟通与交流中,了解同学毕业论文和找工作之间的进度,以及同学找工作和写毕业论文的矛盾点具体在哪里,同学之前是如何安排写毕业论文和找工作的时间的,还有同学自身对于找工作和写毕业论文之间的矛盾是如何理解的,这样可以帮助同学厘清当前的矛盾,更清晰理性地看待当前问题。

最后,关于找工作和毕业论文之间的巨大压力,心理委员可以带领同学一起厘清两件事情的轻重缓急。如果两者总想一起进行,这样反而会使人更加焦虑,造成很大的心理压力。心理委员可以提出一些建议,比如可以集中一段时间写论文,再集中一段时间找工作。对于两者之间的安排,心理委员可以建议同学优先考虑毕业论文的事情,如果毕业论文没有什么问题,再多安排时间给找工作。对于毕业生来说,当务之急还是要以顺利毕业为重。

83. 同学考试过程中总是感到紧张怎么办?

心理委员在面对该问题时,首先要和同学进行沟通和交流,积极倾听同学目前的困扰,了解更多问题的细节。心理委员可以从以下角度去了解同学在考试过程中感到紧张的问题。第一,了解同学紧张的情况。例如,是在每一场考试中都感到紧张,还是只有特定的考试会紧张；不同的考试带给同学的紧张度是否有区别。第二，了解同学在考试过程中感到紧张的持续时间，以及考试过程中的紧张是否对最终考试结果以及平时的学习生活产生了不良影响。因为考试过程中适度的紧张是有利于提高注意力的，心理委员可以让同学了解一些有关于紧张的好处的知识，不要过度恐惧紧张情绪。

其次，心理委员要和同学一起探讨和分析在考试过程中容易感到紧张的原因。比如，可能是因为考试前准备不充分而担心自己不能通过考试，也可能是个人性格特质方面的原因。了解原因有益于心理委员更好地帮助同学。如果同学在与心理委员交流的过程中表示考试时的紧张程度已经影响了考试结果和日常生活，那么心理委员需要教给同学一些在考试过程中缓解紧张的方法。例如，为考试做好较为充足的准备，这是缓解考试紧张的前提条件。此外，一些心理放松方法和缓解压力的方法也适用于该问题，由于是考试时紧张，心理委员需要选择时间较短也比较容易操作的方法。例如，心理委员可以让同学采取呼吸放松法，同时给自己积极暗示："放松""我可以"；或者选择握紧拳头再松开的方法，这属于渐进式的肌肉放松法。

最后，心理委员需要持续关心同学，了解同学在考试过程中的紧张程度是否得到缓解。如果同学在今后的考试中还是保持较高的紧张度，心理委员可以陪伴同学寻找专业心理老师的帮助。

84. 同学因学习能力差而心情低落怎么办？

首先，心理委员在面对以上问题时应当厘清问题的概念。同学认为自己的学习能力差，心理委员不应该急着去解决同学的问题,因为"学习能力差"是一个比较大的概念。学习能力是顺利完成学习活动的各种能力的组合,它包括感知观察能力、记忆能力、阅读能力以及解决问题的能力等。心理委员在刚接触同学的问题时,并不清楚同学所谓的"学习能力差"指的是哪方面比较差,因此心理委员需要在和同学的沟通和交流中了解更多的细节。心理委员可以让同学描述更多的细节,比如当同学说自己学习能力差时,心理委员可以这样问:"你说的学习能力差是指哪些方面呢? 是记忆力方面还是其他方面?"心理委员需要对同学做出引导,让同学在此过程中更加了解自己的学习能力究竟是哪些方面比较薄弱,有哪些方面是比较优秀的,这样也可以增强同学的自信心和自我效能感。

其次是关于同学的情绪方面。心理委员可以了解同学的低落情绪持续了多长时间以及程度如何,有没有影响正常的学习和生活。心理委员可以教给同学一些调节情绪的方法,例如,在学习之余给自己放松和休息的时间,向亲人或朋友倾诉,去做自己喜欢的事情,或者通过运动和听音乐来缓解自己的低落情绪等,可以在不断尝试中找到适合自己的方法。如果长期的情绪低落已经影响了正常的学习和生活,心理委员可以建议和陪伴同学去寻找专业的心理帮助。

最后是关于学习能力的提高。提高自身的学习能力并不是一件可以一蹴而就的事情,需要找到正确的方向并持续坚持下去。提高自身的学习能力也是一个多方面的问题,心理委员可以帮助同学厘清和评估自己学习能力的不足之处在哪里。这个评估的过程也需要老师的帮助,毕竟心理委员也是学生。针对自己学习能力的弱项寻找有针对性的提高方法,比如记忆能力差就着重进行提高记忆力的训练,这样可以更有效率地提高学习能力。

85. 同学对学习产生了倦怠心理怎么办？

　　心理委员在处理以上问题时，需要对同学面临的问题有一定的了解。学习倦怠是指因为长期的学习压力而产生的精力损耗过度，以至于丧失了学习热情的现象。心理委员需要和同学进行沟通和交流，积极倾听同学目前的困扰。此外，心理委员在和同学的沟通交流后，可以和同学一起分析探讨对学习产生倦怠心理的原因。心理委员把原因搞清楚才能更有针对性地帮助同学。大学生对学习产生倦怠心理的原因主要有以下两个方面。第一，对学习兴趣的丧失。比如，对学习的专业不感兴趣；或者是进入大学之后逐渐发现自己所学专业不是自己喜欢的；又或者是因为学习内容很难或过于枯燥导致学习兴趣丧失。第二，缺乏适合自己的学习方法，学习习惯不良。大学生常常拥有更多的自由时间，因此对于学习的安排更需要掌握适合的方法。不恰当的学习方法会导致学习效率低下，自我效能感降低，长期的负面反馈就会使得对学习提不起兴趣，产生倦怠心理，比如长时间的紧凑学习，没有劳逸结合等。当然，除了自身原因之外，也有其他方面的原因，比如学校的课程设置、专业学习安排等。

　　面对产生学习倦怠的具体原因，心理委员可以和同学一起分析和讨论解决的方法。心理委员需要了解同学的倦怠期持续了多长时间，以及是否对正常的生活和心理状态产生了不良影响。如果产生了不良影响，心理委员就需要运用一些心理放松的方法帮助同学调整状态。例如，建议同学劳逸结合，在学不下去的时候不要强迫自己学习；要找到适合自己的学习节奏，适当的放松可以调整心情和提高精力;将学习内容分解为一个个小的目标,完成目标后就给予自己一定的奖励,形成学习的正向反馈。

86. 同学因想学习却总担心失去朋友而焦虑怎么办?

心理委员在面对该问题时,可以先和同学进行沟通和交流,积极倾听同学目前的困扰,并且充分共情同学,让同学可以有一个宣泄和放松的渠道。心理委员在和同学的沟通和交流中,需要去了解同学当前的焦虑情况持续了多长时间、程度如何,是否对正常的生活产生了不良影响。心理委员应当关注到同学的情绪部分,然后采取缓解焦虑和压力的方法帮助同学进行调整,比如让同学采用正念冥想和正念运动来缓解焦虑。

此外,关于同学想要学习但又担心失去朋友的矛盾想法,心理委员需要和同学一起对情况进行分析,让同学明白学习和友谊对于当前来说哪一个占据了更重要的位置,从自身真实的现状和需要出发,选择对自己而言更重要的。与此同时,同学在学习过程中很容易被一些人际交往打扰,那么心理委员可以建议同学和朋友进行沟通。同学心里是想要学习的,那么同学此刻就需要将自己的真实想法告诉朋友。虽然心里想着学习,但是又因为担心失去朋友而不得不进行社交,这种做法只会给学习和友谊都带来不良影响。学习的时候就应该专心学习,和朋友放松社交的时候就应该放下学习。因此,同学需要合理安排学习和社交的时间,在想学习的时候就真诚地告诉朋友自己目前需要学习,必须减少相处的时间,希望朋友可以理解。心理委员要让同学形成积极的认知,也就是真正的朋友是会理解和体谅自己的,是会支持和鼓励努力学习的自己的,不必要过度担心会失去朋友。

87. 同学因学习失败长时间陷入焦虑状态怎么办?

心理委员在面对该问题时,可以先和同学进行沟通和交流,积极倾听同学困扰的问题,并以真诚的态度尊重和共情同学。心理委员需要在和同学的沟通和交流中获得更多的细节信息。比如,同学认为自己学习的结果必须是成功的,不能失败,心理委员可以询问同学:"从你的理解出发,学习的成功和失败有没有具体的含义?什么是失败?成绩退步还是考试不合格?什么又是成功?是考试获得第一名还是得到奖励?"心理委员需要了解同学的想法。同学也提到一旦失败就会长时间陷入焦虑和低落状态,心理委员可以从中了解最近有没有陷入这种状态,如果有的话,持续了多长时间以及这种焦虑和低落的状态有没有对正常的学习和生活产生不良影响。此外,心理委员也可以了解同学在之前陷入该种低落状态的时候是如何走出来的。

关于情绪方面,心理委员可以教给同学一些放松心情和缓解焦虑的方法。当同学再次处于焦虑和低落的状态时,可以使用相关方法进行调整,比如呼吸放松、正念冥想等,这些都是简单易操作的方法。此外,同学认为"自己必须成功,不能失败也接受不了失败"的想法属于一种不合理的信念。认为失败是不可取的,一旦失败就会认为自己没有价值,这样会给自己带来极大的压力。同学会认为自己能否被接受、是否有用完全取决于自己的表现和成就,只有成功才能带来价值。但是任何事情都有失败的可能性,长期持有对于失败的不合理信念会对同学产生极其不利的影响。因此,心理委员需要帮助同学调整关于失败的不合理信念,比如告诉同学并非事事都能完美,每个人都会经历失败,一次失败不代表永远失败,有了失败的经验才能在下次做得更好等,培养同学正确的胜败观念。在此过程中,心理委员需要对同学保持关注,比如在同学再次面临失败的时候,心理委员可以让同学将当时的想法写下来,并以此来观察同学的胜败观念是否有变化。如果同学还是长期持有这种不合理信念,心理委员可以陪同学去寻找专业心理老师的帮助。

二、家庭类

88. 家长总是用命令的口吻要求同学帮忙做事怎么办?

　　心理委员可以先对同学的问题表示共情,如"是的,这让人很难受,好多同学都会遇到这种问题",随后进行澄清,"那每当他们下达'命令'的时候,你会很不情愿地去做还是拒绝呢?"对于"会去做"的同学,可以说"你是一个很懂事、很体谅父母的人,但是理解和体谅这种事情是相互的,因此看起来父母确实没有给予你足够的尊重";对于"拒绝"做的同学,可以说"家长的态度让你很不情愿,因此你有权利表达抗拒和不满,但是每当拒绝以后,总是使得气氛更加紧张"。

　　总体来看,对于这种和家长的矛盾要遵循沟通的原则。无论同学是选择默默承受还是直接拒绝,心理委员都要引导他们对自己的感受或行为向父母做出适当的表达以及解释,常用的表达方式需要辅以非强硬的态度(委屈、平静、严肃),尽可能避免通过争吵来沟通。通过向父母陈述"不适、不被尊重"等情绪出现的原因以及自己对父母行为的理解,进而表达对父母改变沟通方式的期望。可以以情绪的表达作为对话的开端,如"爸妈,我有点不开心";进而陈述发生的事件,以及在这过程中"我"的理解以及感受,如"你们在让我帮你做事儿的时候……但是你们这样的方式会让我感到不适、不被尊重,潜移默化之下我以后可能也会用这种语气对别人说话,这样是很不礼貌、很不尊重别人的。这种对话方式久而久之也会让我丧失信心,甚至会觉得自卑,认为自己只能被管理,而没有成为管理者的自信。此外,我的心里感到不舒服,给你们的反馈就不会是正向的,这样也会给我们的家带来矛盾……";随后表达对父母的期望"每个人都不是完美的,我很体谅爸爸妈妈的辛苦,希望你们能换位思考一下,语气温柔一点"。

家庭的沟通模式是长期磨合形成的,要短时间改变也是很困难的,因此上面的环节可能需要多次重复,多次提醒父母,需要做好准备保持耐心。

注意:心理委员在与同学沟通的过程中不要使用破坏关系的话语,如"你爸妈好自私"等。

89. 同学因不理解父母的行为而产生反感情绪怎么办?

因为年龄、阅历、时代背景不同等客观因素产生的代沟是很难彻底消除的,因此同学对父母的一些行为无法理解是很正常的。每个人的成长都需要经历从对父母依附到与父母分离的过程,这种分离包含空间距离的分离,也有心理层面的分离。个体的独立离不开这一重要的过程。独立后的个体虽然会部分沿袭父母的经验与认知,但总体上还是会以自身学习、生活经历为支点架构出新的认知甚至推翻原有认知,因此两种认知之间的关系存在多种可能。

当同学出现这种困扰时，心理委员应该引导同学从更深刻的角度认识矛盾，而非纠结于父母的"无法理解"的行为。当父母的行为并未对自身的生活等带来重大的影响，仅仅是让我们在认知上产生分歧时，心理委员可以教给同学情绪调节（通过抑制愤怒的表情来减少愤怒的情绪、转移注意力等）、认知调整（重新或者从不同的角度理解父母的行为）或行为忽视（主动抑制自己去关注父母的行为）等方法；当父母的行为影响到同学的生活或者行为指向的对象是同学时，心理委员应该鼓励同学主动且友好地与父母进行沟通，沟通的内容包括让父母解释其行为背后的动机与目的、表达对父母行为的理解或不认同、提供自己认为合理的更好的行为方法、耐心接纳父母的观点并给予适当的认可、共同合作达成新的共识。大多数与父母的沟通都很难达到平等，青年同学需要合理控制自己的情绪，适当进行换位思考，同时学会反思自己的认知、情绪以及情感。有些时候，父母的认知并不是过时的、不符合时代发展的，他们也有让我们受益终身的智慧，我们应该学会在反思中学习。

90. 同学因想家而无法正常学习生活怎么办？

离开家庭，展开自己的人生，已经成为每个人人生发展的必经阶段，也是现代家庭成长阶段中必须完成的任务。但是，在中国文化中，大多数青年将大部分时间和精力用于学习，生活主要依赖父母，并未积累独自生活的经验，而大学生活可以看作是依赖与独立之间的过渡时期，为我们提供了分离的空间条件。离家的学生不仅要完成学习任务,还要学会适应没有父母打点的生活,学会自己应对来自不同方面的难题与挑战,在探索与尝试过程中难免会遇到挫败容易产生无助感,从而通过思乡寄托情绪。

　　同学有想家的情绪是正常的,作为心理委员要学会观察与辨别,通常可以通过同学思乡情绪的时长、频率、情绪状态、思念对象来初步判定。如果同学整天郁郁寡欢,长时间想家,甚至情绪不受控制,经常哭泣,无法兼顾学习、社交与生活,则需要引起重视,主动关心他,为他提供转介资源(引导同学去寻求心理咨询)并及时上报给辅导员、班主任。通常情况下通过转移情绪向父母寻求慰藉是为了帮助我们回避不愿意面对的困难,心理委员还需要仔细了解同学的生活事件,寻找可能触发同学想家的外在刺激物,如失恋、考试成绩下降、学习困难、同学或舍友矛盾、社交困难、适应困难等。心理委员可以通过调用资源帮助同学应对外部刺激或者帮助同学寻找更有效的应对方法。例如:对于因为学习问题产生思家情绪的同学,心理委员可以动员班级成绩好的同学为其提供帮助;对于有社交困难的同学,心理委员可以主动关心他,与其成为朋友;对于因失恋产生思家情绪的同学,心理委员可以鼓励他参加各种各样的校园活动,帮助其转移注意力等;对于生活适应困难的同学,心理委员一方面可以为他提供生活上的帮助,另一方面要积极与辅导员沟通,通过动员该同学的家庭支持系统,共同帮助同学培养适应能力。

91. 同学因隔代亲人去世却没能见上最后一面而感到遗憾怎么办？

对于亲人去世这类重大生活事件，心理委员一方面很难做到共情，另一方面同学也很难相信心理委员能做到感同身受，因此，心理委员应该思考如何从现实层面尽自己最大的可能为同学提供帮助。相对于父母去世可能带来的附加的现实问题（如经济压力），大多数隔代亲人去世可能更多的是情感联结方面的缺失。因此，面对有这类同学的问题，心理委员需要澄清这种亲人丧失对于同学意味着什么，这样才能减少无意义的规劝。在交流过程中，心理委员需要耐心倾听，适当运用情感反应技术、内容反应技术和沉默技术，引导同学宣泄出情感，营造出舒适的谈话氛围。

同学对自己没能见到亲人最后一面而感到遗憾这种情况是正常的，但是心理委员需要留意同学处于这种心境中的时长、频率、状态等，长时间无法走出这种情绪可能会影响同学的正常学习生活甚至身心健康，这需要引起重视。除了陪伴与倾听外，心理委员还可以教授给同学"空椅子技术——倾诉宣泄式"，即同学假定他去世的亲人坐在这把椅子上，把自己想对亲人说却没来得及说的话表达出来，以达到宣泄情感的目的。另外，需要关注同学是否怀有强烈的自责情绪，即将过错归咎于自身，面对这样的情况，心理委员需要引导其进行正确归因。

92. 同学因父母不愿意承认自己的错误而反感又自责怎么办？

这也是一个困扰大多数人的问题。即便是我们已经是社会意义上的成年人，在父母眼里，我们永远是孩子。过去长辈是家中的顶梁柱，在家里威信高，父母在他们人生的前二十来年也是孩子，随后才成为父母，因此，他们的眼睛里有着父母和孩子"该有的样子"。父母会无意识地模仿、重复他们的父母对待他们的模式，并且期待我们按照他们小时候的模式予以反馈。在父母眼里，父母在家中的威信既来源于传承下来的观念，也来源于他们自己的生活经验，对于孩子来说即真理。父母很容易忽视孩子的独立性（不以任何人的意志而转移的客观存在的人、具有生活的主体性与主动性、有成长的需要）和独特性（区别于任何一个人而具有个体特异性），而总是用带有依附性的眼光来看待我们。但是，随着阅历的增加，我们也会经历从对父母的崇拜到质疑甚至不屑一顾的过程。父母对我们的认识与我们成长步调的不同步往往会引发冲突，而父母有维护其威信的意识，往往在争吵中很难意识到自己的错误，更不可能主动向孩子道歉。

同学之所以反感于知错不认错的父母是因为此时的同学关注的是吵架双方的平等关系，对于已经得到求证的事实，双方都应该遵守社会普遍道德规范，错误的一方应该道歉；同学之所以感到自责是因为他对于尊老爱幼、孝敬长辈的传统道德的敬畏使他谴责自己对父母不敬的态度。盘旋于公正与伦理之间，让同学的认知出现了难以调和的分歧，进而影响到他的情绪。此时心理委员需要帮助其寻找认知上的平衡点,建构新的认知,或是改变行为以使其符合认知。心理委员可以帮助同学尝试换位思考,理解父母的"不讲理",为父母的行为赋义"不是不想道歉,只是希望树立起作为父母的威信和榜样而难以拉下面子"。另外,心理委员可以引导同学以平和的方式与父母沟通,合理地表达自己的观点和情绪,期望得到父母的尊重以及行为上的改变。

93. 父母发生家庭暴力时同学该怎么办?

父母在磨合多年以后可能会产生一些比较固定的相处方式,如冷战、争吵、沉默、沟通甚至打架等,这些模式在父母看来是合理的,但是对孩子潜移默化的影响是很大的。例如,孩子会模仿父母,采用打架的方式暴力解决人际交往问题,抑或是因为长期处在这种害怕、惊恐的环境中而形成易退缩或易怒的性格缺陷。年幼时我们或许只能接受,但是作为伦理道德观已基本形成的大学生,面对父母的争吵甚至打架要学会正确识别和妥善处理。

如果父母的争吵状态、争吵对象、争吵内容存在异常或是情况逐渐恶化,心理委员要建议同学学会及时制止。第一,将父母隔开。可以采取挡住弱势一方或阻拦强势一方的方式,目的是使双方平静下来,防止事态恶化,严重的情况下需要报警处理。第二,主动参与。作为第三者参与对峙,理性评价父母双方各自所持有的观点,做到适度非过度地偏袒。若是自己无法解决,也可以求助于家中威信高的亲戚长辈。第三,要求父母商讨出缓解矛盾的办法,或是相互道歉。可以要求父母相互列举对方的三个或更多的优点来缓解气氛,也可以向父母分析采用暴力解决问题的沟通方式对自己以及家庭的影响。第四,不断重复以上努力。以上环节并不能一次见效,需要多次重复,因此需要足够的耐心和信心,同学要相信自己在父母心中的重要性,同时也发挥自己作为孩子的黏合剂作用,积极建构稳定的家庭结构,不要一味逃避。对于实在无法调和的矛盾,心理委员应该建议同学深入了解父母双方的需求,并给予理解与支持,尊重父母的决定。

94. 父母经常"体罚"同学怎么办?

在中国传统的"不打不成器"的教育理念下,父母认为体罚是一种高效的教育手段,但是父母很容易混淆体罚和身体虐待的概念。体罚是父母对于特定不良行为的一种惩罚措施,是父母事先与孩子商量好的规则。当孩子做了某种不良行为的时候,他是能够预料到自己会被体罚的。体罚虽然是一种便利的育儿手段,但是大量现代家庭心理实证研究表明,体罚在改善儿童不良习惯上效果最差,而且会极大地损伤、破坏与孩子的信任感和亲密度。身体虐待则是另外一回事。身体虐待常常是突如其来的暴力,孩子不能预料身体虐待会在何时发生,往往也不知道自己被父母暴力对待的原因。父母事先没有与孩子达成规则,孩子不知道他的行为会有什么样的后果。这种间歇性地殴打是孩子懦弱、敏感、自卑性格的强化物,在这种环境中长大的孩子极度缺乏安全感,因为害怕不预期的殴打而易形成讨好型人格,缺乏自信心,在亲密关系的建立过程中会存在困难。

对于这种同学,心理委员首先要让同学认识到父母的暴力行为是错误的，源于父母自身的缺陷。其次，要帮助同学建立自信心，为同学提供坚强的社会支持。我们可能无法帮助他的父母做出改变，但是我们可以引导同学调整自己的心态，尽量降低暴力带来的影响。最后，努力激发同学对未来的希望。无论同学是选择逃避还是对抗，心理委员都应该支持他，同时帮助他寻找自我发展的其他途径，通过自己的努力逐渐远离这种环境。

95. 同学因父母离婚而情绪低落怎么办？

父母离异对儿童各方面的成长来说都有消极影响，但是这种影响对于大多数已经成年的大学生来说较小，因为大学生的性格、人格各方面基本形成且趋于稳定。因此，面对此时选择离婚的父母，同学更多需要的是调节情绪。心理委员可以从认知和行为角度给同学提供帮助。研究表明：孩子能否身心健康地成长，很大程度上与父母自身的幸福感高低有关。大多数研究显示，现实生活中很多离异者的身心处于不健康状态，但是也有很多处在婚姻关系中感到极度不幸福的配偶。

在认知角度，心理委员可以引导同学分别与父母双方进行沟通，了解父母选择离婚的原因（父母的需求），并鼓励同学使用观点采择方法去交流。观点采择方法是一种共情的有效方法，有助于同学站在父母的角度更好地理解父母。在情绪角度，心理委员要慎重对待同学父母中的任何一方，不要随意议论和贬低他们，不要打听、询问同学父母的相关情况，或诱导他说出对离异父母的态度，也不要过多地在语言和情绪上流露出对同学不幸的怜悯，因为这样只会强化他对不愉快事情的记忆。心理委员可以教同学一些调节情绪的方法,如通过欣赏自然风光或名胜古迹、做运动、听音乐、逛街等活动来转移注意力和调节情绪。此外,心理委员还可以采取适当的措施帮助同学走出阴影,消除情绪障碍,建立良好的伙伴关系,鼓励同学与人交往,结交新朋友,提高社会适应能力。对于心境长时间低沉、情绪不佳的同学,心理委员要鼓励他去心理咨询中心寻求帮助,接受专业咨询。对于那些可能表现出轻微抑郁和发展性问题的同学,心理委员要及时上报。

96. 同学因家庭贫困不愿与人交往怎么办?

家庭经济条件会影响学生的消费观念、生活方式、人际交往甚至自尊水平和幸福感。贫困的同学受经济局限,较少参与逛街、购物、聚餐聚会之类的娱乐休闲活动,这在很大程度上限制了个体的人际交往范围,在交往内容上也会因为缺少共同活动经验而缺少共同话题,进而可能成为家庭困难学生人际交往的阻碍。此外,从社会比较理论角度出发,同学可能会因为与周围同学的比较而影响其自尊。自尊心或自尊感,是指"个体对自己做出并通常持有的评价,它表达了一种肯定或否定的程度,表明个体在多大程度上相信自己是有能力的、重要的、成功的和有价值的"。高自尊个体能够自我悦纳、自我接受,具有更好的人际协调能力和心理适应能力,高自尊还能够克服恐惧、缓解焦虑,并能有效地减少与焦虑有关的防御行为。高自尊者比低自尊者更可能选择成熟的防御方式,而不太可能选择不成熟的防御方式,他们更少使用投射、被动攻击、抱怨等消极防御机制。正如传统观点认为,低自尊个体有着负面的自我评价,面对生活中的各种事件时,他们要么回避、退缩,以免遭遇更多的不幸;要么投射、幻想等,不愿正视自己的优缺点。当然,他们也可能采用被动攻击的方式来吸引他人的注意。但是家庭经济条件对孩子的发展并不能起到决定性作用。良好的家庭环境和条件、合理的父母教养方式既可以直接影响孩子的幸福感,还可通过影响孩子的自尊等人格间接影响其幸福感。

因此,心理委员首先要识别家庭困难的同学少与人交往的深层原因,有可能是生活方式的选择,也可能是自卑的驱使。对于因经济问题而自卑、有人际交往困难的同学,心理委员可以主动与其沟通交往,主动提供帮助。除此之外,不要过多参与甚至评价他们的生活方式,最重要的是,在日常生活和学习中要保持对他的尊重。对于有严重的自卑倾向的同学,心理委员可以找辅导员或专业心理老师为其提供心理辅导。

97. 同学放假在家的时间越长与父母的矛盾越多怎么办?

大多数住校学生放假回家以后会经历父母态度的起伏:放假初期刚回到家时父母热情关注,嘘寒问暖;假期中期父母态度滑坡,对孩子百般嫌弃;假期接近尾声,父母态度回暖,体贴入微。放假回家的学生经常会对父母的这种态度变化感到困扰,尤其在最容易与父母爆发激烈冲突的假期中间阶段,学生可能会暗自发誓"永远不会再回家",以此惩罚父母。

对于遇到这类心理困扰的同学,心理委员可以从三个方面帮助同学进行自我调节。一是建立正确的认知。首先,帮助同学认识到父母态度的改变并不代表父母的爱改变,同学不应该使用威胁的语言来"考验"父母对自己的情感；其次，让同学认识到他对这种转变如此敏感是因为"自我中心"的作用，并不是父母的冷漠；最后，引导他将注意力放在引起与父母发生矛盾的事情上，这是解决矛盾的最好办法。二是改变行为。对父母持续的高期待只会加大与现实的落差，因此，应该引导同学着眼于改变自己的行为。经过一段时间的分离，父母同样对自己的孩子有着成长的期待，父母可能会将这种期待与现实的落差通过行为表现出来，因此心理委员还可以引导同学与父母进行适当的沟通。三是调节情绪。教授同学情绪调节的方法，控制自己的情绪，不要激化和父母的矛盾，必要的时候尝试使用化解争吵的技巧，如夸夸父母或向父母撒娇服软等。

98. 同学父母不同意他单独出游怎么办？

父母不同意孩子单独出游有几个比较常见的原因。一是担心孩子出门在外有危险，不会保护自己，这里所谓的危险包括人身安全以及由于人生阅历较少导致的受骗可能。二是大多数学生还不具有完全的独立能力，各方面还需要部分甚至全部依靠家里，因此父母需要为孩子的旅游开销买单，父母可能会迫于经济压力而排斥旅游行为。三是父母受到自身消费观念的影响很难理解旅游在孩子心中的意义。父母会根据自身的经历来定义旅游的价值而很少考虑孩子的观点，因此可能会替孩子做主，拒绝孩子旅游的请求。无论是哪种情况都会制约最终的结果，心理委员应该针对不同情况，采用不同的解决办法。

针对第一种情况，同学可以选择跟团或者邀约伙伴共同出游。

比如邀约父母熟悉的同伴，或者带上年龄相近、关系较亲密的亲戚一起出游更容易获得父母的同意。旅途中要随时向父母报平安，积累积极的旅游经历。第二种情况是影响同学出游的最大障碍。父母通过不提供经济支持直接阻断了旅游计划，但是这并不代表同学就处于绝对的被动地位，他可以利用课余时间和假期勤工俭学，理性消费，积攒旅游资金，依靠自己的力量掌握旅游的主动权。第三种情况父母大多是从自己的角度去理解旅游行为，因此同学需要与父母进行沟通，选择合适的时机表达旅游对于自己的重要价值和意义，巧妙利用一些沟通技巧，让父母以愉悦的心情倾听同学的需求。但是，大多数父母的考虑是多维的，可能同时拥有以上几种顾虑，只是每种顾虑所占的权重不同，应对起来自然会更加复杂，因此需要同学耐心地沟通并做出必要的妥协。

99. 同学因父母控制欲太强感到压力很大怎么办?

在所有的控制关系中，一定存在一个被控制的对象，没有被控制人的配合，一个人是无法完成控制行为的。"控制"与"关怀"怎么界定，主要看个体的感受。每个人的感受以及承载能力是不同的，同等程度的控制在不同的人看来也具有不同的意义，当个体感觉到被控制、产生难受的感觉时，那控制关系可能就存在了。往往我们在关注他人（尤其是父母）对我们的控制时，很容易忽略他们这种控制行为的另一层含义——关怀。从这一点来看，父母可能很难理解自己的关怀行为会被孩子理解为控制，因此父母和孩子的感受是不对等的，如果不能让双方都认识到这种感受的差异，长此以往被控制的一方可能会产生一些心理或者行为上的问题，对双方的关系会带来破坏性影响。

当心理委员遇到有这种困扰的同学时，除了建议同学寻求专业的心理咨询外，还可以提供两方面的支持。一是帮助同学做好心理建设。作为大学生，已经有拒绝的能力，要学会拒绝父母不合理的控制要求，表达自己内心的感受，同时也要注意关注父母要求的背后可能饱含着的对自己的关怀，因此需要同时表达感激。二是教同学试着使用利用原则。具体怎么利用，这里分享一个家庭治疗领域早期领军人物之一米纽钦的故事。幼年时他与自己的祖父在农场干活，忙碌了一天，赶得牛也累了，但是祖父突然想到还有一些搬运工作没有完成，需要继续赶着牛去干活，结果祖父拽着绳子往前拉，牛却向后使劲，一人一牛就这样僵持不下。八岁不到的米纽钦看到后走上前拉住牛尾巴，最后牛为了抵抗向后的拉力而主动向前走了。拒绝父母的控制行为并不代表一定要与父母产生对抗和冲突，可以通过对父母的了解，巧妙地运用父母在乎的事件之间存在的矛盾，让父母主动放弃控制行为。

100. 同学因家庭破产而情绪消沉怎么办？

对于这种现实性问题，心理委员需要明确同学具体需要什么样的支持。如果是实际的物质支持，心理委员可以根据同学的实际情况，动员其他班级干部或班级同学帮助他。也可以与同学沟通后，将他的情况上报给辅导员或院校专门负责的人员。如果同学经过很长时间也摆脱不了家庭破产带来的消极心境，心理委员需要及时给予关注，必要时上报给辅导员或学校的专业心理老师，为同学提供学校的心理辅导资源。心理委员还可以动员班级同学,主动与该同学交往,引导其积极生活,但是要事先了解同学的需求,注意保护他的自尊心,做到有边界的关怀。同时,心理委员可以给予同学一些鼓励和支持,倾听同学对这一事件的看法以及对其产生的影响,帮助同学寻找积极资源,如告诉同学"好好兼顾学业,毕业以后可以寻找到待遇好的工作,靠自己的能力重新支撑起家庭"或"只要父母身体都还健康,自己也在努力学习,留得青山在,不怕没柴烧",通过帮助同学构建积极的认知,调动起积极的行为。

101. 同学父亲的大男子主义导致家庭关系不和谐怎么办?

大男子主义和中国几千年"男尊女卑"的封建思想分不开。男耕女织的生活方式造就了第一批大男子主义者:男人是家庭和社会的主体,在当时的生产力水平下,上帝赋予男人的力量是社会前进的充分必要条件。大男子主义的危害是多方面的,例如可造成家庭不和睦,子女有抵触情绪,如果这种现象恶性膨胀,走向极端,会导致婚姻破裂,一些情况下甚至会导致犯罪。大男子主义的好处主要在于,这样的男人通常都有很强的自尊心与自信心,可以为家庭成员带来一定的安全感。他们在孩子面前更易树立高大、严厉的父亲形象,对培养孩子独立自主的性格有一定积极的影响。

心理委员面对存在这种困扰的同学时,可以从四个角度帮助同学缓解不良情绪。其一,结合大男子主义中的积极部分,帮助同学回顾父亲在生活中积极的一面,避免同学陷入负性的极端认知,导致消极心境和情绪持续太长时间。其二,审视自己对于父亲的容忍度,同时分析低容忍度的自我原因,如"青春期大脑皮层的抑制功能发育不够完善,导致自己对父亲的话语很不耐烦"。其三,与父亲进行真诚的沟通,平和地表达自己的感受和期望。其四,为了维护家庭和谐,学会适当容忍并回避冲突的发生。例如,可以选择替代性的发泄方法缓解自己的情绪,同时可以教授家庭其他成员回避冲突以及调节情绪的方法。心理委员在疏导同学情绪的过程中要切记不要发表破坏关系的言论,避免出现团体极化现象。

102. 同学和父母的关系越来越疏离怎么办?

大学生与父母关系逐渐"陌生",可能的原因很多。其一,大多数大学生离开家去较遥远的学校独自生活,与父母共处的时间逐渐减少。此外,大多数父母由于不了解孩子的课程和生活安排,害怕打扰到孩子的学习,因此减少了电话沟通。由于时空交叉减少,沟通和交流的频率、内容也会受到影响,"陌生"感就会逐渐加强。其二,脱离父母是任何一个孩子成长独立的必经之路。这是一个过程,因此,也可以将这种"陌生"理解为成长。随着年龄的增长、环境的变化,我们寻求支持的来源更加广泛,无论是生理上还是心理上都在逐渐减少对父母的依赖。研究发现,在大学生的社会支持来源中,朋友提供支持的比重不亚于父母的比重。

当心理委员面对存在这种困扰的同学时,可以与其澄清出现这种情况的客观原因,如距离影响了亲密感,但是不代表父母与孩子的感情疏离了,而且这种"陌生"感并非是不可逆的,是可以修复的。如果同学感觉自己无法接受与父母的疏远,可以鼓励他主动与父母建立更高频、更固定的交流,如与父母商定每周末固定时间打电话,或者保持即时和非即时的交流,与父母分享学校生活,向父母表达自己的真实想法和新的期待等。另外,可以引导同学向身边同学或朋友寻求替代性支持,积极参加社交活动。

103. 同学因父母准备生二胎感到困扰怎么办?

有些父母受到目前更加开放的生育政策的影响,即便家中已经有正在上大学的孩子,他们还是决定为迎接新的家庭成员而努力。但是,在这个过程中不乏各种不协调的声音。曾经是独生子女的孩子可能会对此产生更多的顾虑,如父母年纪大了、晚育存在很大的风险,将来照顾家中年幼的孩子也很可能力不从心,导致自己可能需要承担这份责任。对于父母来说,一方面老一辈子孙满堂、养儿防老的传统理念仍然具有不小的影响,另一方面养育孩子也能够满足他们的情感需要。家中成年孩子离家所留下来的孤独感成为父母的生活常态,他们可能希望将养育孩子作为一种消遣方式或情感寄托。

面对有此类困扰的同学,心理委员需要鼓励其与父母进行沟通。一方面同学需要表达出自己的顾虑和担忧,另一方面同学也需要了解父母的初衷和需要,尊重和理解父母的主体性和独立性,即尊重他们的观念和想法。最后总是有一方需要做出妥协,只是在做决定的时候需要双方的积极参与和慎重考虑。如果同学沟通无果,心理委员可以教同学一些调节情绪和转移注意力的技巧,并引导同学通过积极参与人际活动发展个体的独立性。

104. 同学因父母偏心而愤怒怎么办?

研究发现,超过一半的父母承认自己更偏爱某一个孩子。父母偏心在大多数非独生家庭中是一个心照不宣的秘密。尽管父母知道这对孩子来说并不公平,甚至会对孩子产生负面影响,但是父母难以改变一些潜意识的偏向行为。事实上,父母偏心的背后总是存在一定原因的。父母更喜欢优秀基因的携带者(聪明、貌美、健康),这是一种源自本能的偏爱;父母更偏爱家中的男孩子,这是一种源自传统观念的偏爱;父母更偏爱与他们相似的孩子或与他们完全不同的孩子,这是一种源自父母自身人格发展的投射性或内射性认同……

同学之所以感到愤怒,一方面是对父母这种不公的反抗,另一方面是对偏心所预设的原因的强烈不认同,如同学可能会认为父母偏心是因为"重男轻女""大的就应该让着小的"等理由。父母具有家庭资源分配的绝对控制权,无论是何种情况,同学都感觉自己失去了自身的独特性和独立性。当心理委员面对有这类困扰的同学时,需要引导其去澄清父母偏心的内在原因,即出于本能、观念还是成长性缺失,不能将对父母行为的理解禁锢在自己预设的框架里。当与父母面对面沟通也无法很好地发挥潜藏和内隐的动力时,心理委员要帮助同学建构更合理且更容易让他们接受的认知去理解父母的行为。最后,我们很难帮助同学去改变父母的行为,只能帮助同学实现自我成长、自我独立,培养强大的内心,改正同学不合理的信念,如"他们不喜欢我是因为我笨"的归因,帮助同学摆脱家庭的阴影,重新从生活经验中认识自己。

105. 同学的职业规划与父母的想法冲突怎么办?

大学生个人职业生涯的良好发展离不开个人定位、规划以及根据该规划而付出的努力。一个良好的职业规划是结合自身条件和现实环境确立的目标和路线,需要综合考虑各方面的影响。而在大学生职业规划过程中,来自家庭的制约和父母的期待是很难忽视的重要影响。事实上,父母对孩子职业规划举足轻重,父母大多立足于自身经验与现实环境,较少考虑孩子自身的兴趣与意愿,或希望孩子能够子承父业,或希望孩子离家近些,或希望孩子争取稳定的工作岗位。但是,身为职业规划的当事人与受益者,同学会更多地立足于自身兴趣与发展的需要,考虑了职业更多非物质性的价值。双方由于立场、角度不同,可能会存在不一致甚至引发冲突。

面对具有这类心理困扰的同学,心理委员需要引导同学对其规划以及父母期望的意义进行重要性排序整理,综合现实考虑与自我需要,重新从不同角度考虑自我生涯规划,同时也要充分考虑父母期望的现实意义。随后,鼓励同学与父母沟通,充分交换各方意见,协商规划中冲突部分的解决或者替代办法。若同学的学习、生活以及心境因这类心理困扰受到长期影响,心理委员需要适时建议其去寻求学校专业心理老师的帮助。

106. 父母坚决反对同学找一个离家太远的恋爱对象怎么办？

高校具有开放的特点，一方面是专业化与综合性，另一方面是生源的广泛性和多样性。来自天南海北的大学生聚集在一起，社交范围变得更加广泛，交往对象更加多样，在交往过程中发展出不同地域背景恋爱对象的可能性也在增加。但是，恋爱关系的发展（如夫妻关系等更为亲密的关系）需要考虑的不仅仅是两个主体的主观因素，还需要考虑两个家庭的主客观条件，其中就包括地域、距离远近等因素。来自两个家庭的孩子共同组建家庭，距离将会是新生家庭与两个原生家庭需要相互妥协的重要问题。

心理委员在面对具有这种困扰的同学时，需要教授同学一些处理情绪的技巧适当缓解压力，同时鼓励同学从独立的自我角度做出适当的抉择。例如，鼓励对于家庭联结感较强、较依赖父母的同学更多地想象或者模拟离开父母的状态，对比双趋冲突对个体带来的不同体验，随后进行重要性排序，将此作为最终抉择时的参考。另外，可以鼓励同学进行多方会谈，为问题的解决提供不同的视角和方案。

107. 奶奶影响同学父母的关系导致家庭不和谐怎么办？

根据家庭结构理论，核心家庭通常是以夫妻双方为核心建构起来的家庭结构,该结构的稳定性可能会因为增加一个人或者减少一个人而受到影响。例如,家庭结构可能因为孩子的诞生形成稳定的三角结构,可能因为其他人的介入打破原有的稳定,也可能因为减少某个人而恢复或破坏家庭结构的稳定。破坏稳定的过程可能是渐进的,处在结构中的个体会受到有形或者无形的压力影响而通过不同的形式展现出来。通常由心理承受能力较弱的个体来表现家庭结构的现状(一般是孩子),表现形式是多样的,如孩子通过辍学、逃学、抑郁、强迫行为、逃离家庭等非适应性行为或心理障碍表达对现有家庭结构关系的不满。

　　心理委员面对有此类困扰的同学,需要评估该同学是否存在上述适应不良的问题,如果存在,不能盲目地对其进行疏导,应该鼓励其寻求专业的帮助,由专业的心理咨询师对其进行后续疏导。同时,心理委员也可以帮助同学增强自身的心理调适能力和独立性,给予同学支持和肯定,鼓励其与家庭成员沟通。

108. 父母离异后各自组建家庭且均不愿承担同学的生活费怎么办?

　　夫妻离异后各自重新组建家庭,他们生活和责任的重心可能会主动或者被动地逐渐脱离原来的家庭,即便原来的家庭中还留有人在坚守(一般是孩子)。我国学者费孝通提出"双系抚育"的概念,认为子女的社会性抚育需要父母双方分工合作共同承担责任来实现。对于离异的父母而言,他们要负担维系和发展新家庭的责任,对于原来家庭的留恋或支持可能会被新家庭认为是背叛。此外,他们还可能对原有不幸的家庭不再存有留恋,因此离异父母会出现被迫或是主动地在精神上或物质上脱离原来的家庭,在这个过程中孩子受到的伤害最大。

当心理委员面对有这类困扰的同学时,需要了解清楚该同学最主要的困扰是什么。如果存在因为原生家庭遗留下来的心理问题,心理委员应该鼓励同学主动向心理老师寻求专业的帮助;如果同学存在的主要困扰是经济压力,心理委员可以通过动员班干部或者上报给辅导员等方式,为同学提供合适的勤工助学机会,帮助他解决当前的困难。除此之外,心理委员还需增加对同学的关注,及时给予同学适合的支持和帮助。

109. 同学妈妈频繁向他抱怨爸爸怎么办?

在大多数家庭中,这种"联盟"更容易发生在母亲与孩子之间,或是父母分别与不同的孩子形成联盟。联盟形成的原因及其目标具有多样性,如有的是为了满足不同的需要(如归属感、尊重和爱),有的是为了应对共同的"敌人"实现共同的目标。从该问题中可以看出,同学的父母之间可能存在冲突和矛盾,而母亲可能缺少倾诉对象,于是对于同学的依赖性增大,试图通过建立母子联盟来强化自己的观点或是"对抗"丈夫。

当心理委员遇到有这类困扰的同学时,可以先了解一下同学对于父母的态度,以及同学对母亲的抱怨所做出的回应。心理委员需要帮助同学减少与母亲的过度联结,帮助同学从不同的角度影响母亲,进而减少母亲对自己的依赖以及父母之间的矛盾。首先,建议同学积极回应母亲的抱怨,即适当否定母亲对父亲的过度抱怨,引导母亲去发现父亲的优点;其次,鼓励母亲发展自己的兴趣,扩大自己的交际圈,通过转移注意力的方式减少对孩子的依赖;最后,建议同学与父亲沟通,鼓励父母进行有效的沟通,尽量理解对方的观点和立场。

110. 如何帮助同学处理重组家庭父母偏心这个问题?

随着现代化进程的加速,人们的家庭观念、婚姻观念和工作观念都发生了巨大变化,离婚与再婚变成一种常见现象,由此衍生出单亲家庭、重组家庭等现象。家庭结构的改变会对青少年的发展产生深远的影响。研究发现,家庭中父母一方或双方缺位,其孩子的教育和心理发展水平会显著低于双亲共同抚育的孩子,且母亲更多和子女教育发展有关,父亲更多与子女社会心理发展有关。父母双方或其中一方的缺位能否由继父母或其他亲属的代管加以补偿还缺少证据支撑,而这种缺位对于孩子成长的消极影响总是存在的。有研究显示,来自重组家庭的孩子在社会适应能力、人际交往能力上都低于来自核心家庭的孩子。

当心理委员遇到具有上述背景的同学时,需要结合其在学习与生活中的行为表现,积极主动地与其进行沟通,评估其心理健康水平,若有需要可引导其寻求专业的心理帮助。同时,心理委员还可动员班级成员,包括班委和其他同学,积极地与该同学建立良好的人际联结,鼓励该同学参与班级活动。另外,还要引导其与父亲/母亲进行沟通,鼓励他积极地维系与父亲/母亲的联结,表达自己的情绪与想法,同时了解父亲/母亲的想法和行为。

111. 同学过度依赖父母而无法独立做决定怎么办？

有些同学总是不想长大，希望自己永远是个孩子，他们依赖别人，希望别人替自己做主。每当遇到重要的问题时，他们都会征求父母的意见，不敢独自做决定。孩子对父母过度依赖，可能和父母的教育理念和方式有关。幼年时期父母总是替孩子做决定，并在做决定时否定孩子的主动性。例如，明确告知孩子"你这样做是不对的，这些事情是浪费时间、毫无价值的……"，久而久之，容易让孩子内心认同父母的观点，即自己是"孩子"。在个体成长的过程中，如果没有获得足够的独立决策的机会，这个"小孩"就始终停留在对父母的无条件认同和依赖阶段，导致成年后用成人的思维思考问题时也很难跳出内心"小孩"的"魔咒"。同学拒绝做出重要决定另一个可能的原因是逃避对决策结果的责任，这个责任可能是让人失望、被人拒绝、被人嘲笑无能等。无法忍受自己犯错所带来的负面情绪，需要为自己的选择负责，从这些角度来看，让别人替自己做决定只是减少了自己的选择自由，对他们自己的威胁小得多。总之，如果父母过度介入孩子的人生，孩子内心就会产生不确定感，认为没有父母自己就不能做出理性的决定。

当心理委员遇到有这类困扰的同学时，首先要对同学表达认同，让同学意识到自己在行为决策等方面对父母存在过度依赖的情况，同时也要肯定同学对父母的尊重。其次，心理委员可以尝试帮助同学意识到独立做决策的必要性和重要性。错误是生活中的一部分，允许自己犯错，自我才会更强大。再次，鼓励同学与父母沟通，表达自己依赖父母时的感受，要求父母尊重自己的独立性，尝试给予自己做决策的机会。最后,付诸行动的改变,可以选择从小事开始做决定,或者在做决定之前征求多方意见,依据自己的需要做出决策。

112. 同学因母亲过度依赖自己而缺少社交怎么办?

世间所有的爱都是为了相聚,唯独父母的爱是为了别离。就像尹建莉在《最美的教育最简单》一书中所说的那样:"父母的第一个任务是和孩子亲密,呵护孩子成长;第二个任务是和孩子分离,促进孩子独立。若把顺序搞反了,就是在做一件反自然的事,既让孩子童年贫瘠,又让孩子的成年生活窒息。生命中最深厚的缘分,只在这渐行渐远中才趋于真实。"孩子对父母的依恋,在幼儿时期被认为是符合生存与发展的适应性行为,但这种依恋关系是发展变化的,当孩子成长到一定阶段,这种关系是需要划清界限的。在原生家庭中,小孩子过分屈服于父母的期望,就很难合理地坚持自己的想法。相反,他还会不断训练自己去延长感情线,尽可能及时地接受并反馈父母的情绪和愿望。孩子会因为辜负了母亲使得母亲伤心,因而心生怜悯,有愧于心,并"自愿"地去做母亲所期待的事,在这个过程中,孩子会发展出一种信念"我不能离开你,我要为你的幸福负责,我必须一直待在你身边",进而无法坚持自己的想法。最重要的是,与母亲的亲密关系让自我意愿受到了压制,这种非健康的划断联系的方式很容易反映在日后与别人建立关系的过程中,表现为对以后的亲密关系心存恐惧,产生既希望亲密又感到不适的矛盾心理。

当心理委员遇到有这类困扰的同学时,要鼓励同学在与母亲的关系中学会坚持自己的想法,把自己的愿望和需求表达出来。任何亲密的关系都不应该以失去自我为代价。在亲密关系中不只有义务,还有权利;不只是通过付出来维系关系,也要学会利用关系所带来的益处。同学与母亲的亲密关系不是靠同学牺牲自己的社交来维系的,这种关系还应该成为同学进行更广泛的社交的支持。心理委员要鼓励同学进行更广泛的社交,并将从这种亲密关系中学到的经验和教训融入自己的社交中。

113. 同学因童年的"小大人"经历难以与伴侣维系亲密关系怎么办?

迫于家庭压力而成长过快的孩子被剥夺了正常的童年生活。在同龄小伙伴都在愉快地玩耍的时候,有些小孩却因为父母外出务工而成为留守儿童。家里最年长的孩子不仅要肩负起作为长兄/长姐的担当,还需要替父母履行他们缺失的职责。这些小孩没有时间玩耍,也无法摆脱忧虑,在自己的需求长期得不到满足甚至回应的情况下还需要照顾其他人,他们会逐渐否认自己的需求,以此来对抗孤独感和情感缺失,认为自己的存在就是为了料理家务,照顾弟弟妹妹,充当缺失的父母的角色。对于身陷角色颠倒混乱的孩子来说,既无法实现大人的职能,也很难认识到遇到挫败的原因,无力感和愧疚感甚至是负罪感如影随形。同学选择努力学习的目的可能有两个,其一是逃避孤独感以及被剥夺童年的成人生活;其二是通过投入很多的时间努力学习,证明自己是一个能干的人。以往是通过对家庭的付出体现自己的价值,离开家后通过对学习的付出体现自己的价值。在成长过程中没有汲取到情感滋养,缺少来自父母的情感抚慰、尊重和积极反馈,进而也没有发展出给予情感支持的能力,表现在同学身上则是难以维系与伴侣的亲密关系。

心理委员遇到有这类困扰的同学时,可以为其提供学校心理咨询中心的信息资源,引导同学主动寻求专业的心理帮助。此外,在征得同学同意的情况下,心理委员还可以尝试与同学的伴侣进行沟通,动员其为同学提供必要的支持。另外,心理委员可以鼓励同学参与更多的社交活动,发展自己的兴趣爱好,寻找更多实现自我价值的途径。最后,心理委员需要引导他对内心进行积极的自我探索,探索自我的需求,并为实现自己的需求做出尝试和努力。

114. 同学因不满所学专业而怪罪父母未能帮助自己怎么办?

父母未干预孩子的专业选择原因可能很多。其一可能是希望培养孩子的独立性,让孩子通过自己的选择感到自主性被尊重,通过承担自己选择的后果、享受选择带来的收获,培养孩子要为自己选择负责的认知和态度。其二可能是父母无法为孩子提供合适的指导。在一个人的成长过程中会面临许许多多的选择,父母或许能够在我们婴儿期、儿童期替代我们做出合适的选择,在青年早期时指导我们做出合适的选择,但并不一定能在我们人生的任何一个阶段都能干预或指导我们的选择,尤其在当今这个每秒钟都可能发生重大变化的时代,父母的经历和经验、认识和方法可能已经不适应社会的发展。因此,即便父母提供了指导,处于青春期的孩子也不一定能够采纳。而当孩子的选择出现偏差,需要为自己的选择承担责任时,孩子难免会产生无助、失落、后悔甚至愤怒,尤其是与身边的同辈进行比较,了解到对方的父母为其提供的重要帮助时,这种愤怒由指向自己转变为指向自己的父母。这种现象本质上是一种不愿意自己承担责任的表现,是对否认和挑战自己价值和能力的防御。

当心理委员遇到存在此困扰的同学时,首先要了解该同学目前在学校学习及生活上的表现,同时与同学积极深入地探讨,初步了解该同学对现有专业不满的原因。例如,是由学习表现不太理想带来的情绪落差,还是因为对所学专业不感兴趣而减少对学习的投入带来的不理想的分数,抑或是与成绩表现无关的单纯由内心抵触带来的情绪。其次,心理委员在明确同学对专业不满的原因后,要努力为他提供相应的指导帮助,包括去找辅导员了解转专业的条件,动员班委和其他班级同学为他提供学业上的帮助,鼓励他去寻求专业心理咨询老师的帮助,以及鼓励他积极参与学校活动,探索自己的兴趣所在等。此外,心理委员还需要为同学提供必要的情感支持,表达对同学能力以及独立性的认可,耐心倾听同学的观点。最后,心理委员要鼓励同学与父母进行沟通,表达其无论面对何种情况都希望父母能够给予自己一些指导性的意见,并向父母表达他们的智慧对自己的意义,以此来鼓励父母参与孩子的选择。

115. 患抑郁症的母亲对同学产生了不良情绪影响怎么办?

在婴儿时期,抑郁的母亲会表现出无力养育孩子,缺少力量,对孩子失去兴趣和积极关注,婴儿会放弃发出情绪信号,并尝试通过吮吸和摇动来安抚自己,如果这种反应形成习惯,婴儿会认为自己没有能力引起他人回应,并且认为母亲是不可信的,他们生活的世界也不值得信赖。因此,抑郁的母亲养育的婴儿容易形成不安全型依恋。有研究表明,父母抑郁,尤其是母亲抑郁,对青少年抑郁症形成有显著的影响。具体表现为母亲有抑郁情绪则孩子患抑郁症的风险很高,因为母亲更容易表达出敌意的情感和行为。因此,母亲抑郁比父亲抑郁对孩子的影响更大。即便孩子心身健康,但是与抑郁的家庭成员住在一起,就好像房顶上盖上了一片乌云,压抑的氛围笼罩在日常生活中,形成心境感染现象,长久下去谁都很难不受到影响。在盲目尝试消除母亲的痛苦中,孩子可能会努力承担起母亲抑郁的情绪,也会因为自己无力改变家庭氛围而陷入深深的抑郁之中。孩子想分担父母的痛苦往往是无意识的,源于一种盲目的幻想,幻想自己可以拯救父母。出于本能的忠诚,孩子经常重复父母的悲伤并再次体验他们的不幸。

当心理委员面对有这类困扰的同学时,首先需要对同学的心理状态进行评估,有必要的话要引导其去寻求专业的帮助,在更专业的帮助下进行自我探索。其次,建议同学努力激发父亲的作用,和父亲一起努力缓解母亲的焦虑情绪。再次,心理委员要鼓励同学接纳自己、认同自己,改善对人的依赖性,逐步实现与母亲的分离,推动个体独立成长。再次,给予同学情感支持,表达共情、支持和鼓励。最后,教给同学摆脱不良心境和情绪的方法,帮助他学会情绪管理,尽量回避刺激源(尽量减少与抑郁中的母亲接触),主动与他人沟通,遇到困难及时寻求帮助。另外,可以鼓励同学为其母亲提供一些缓解情绪的帮助。有益于改善母亲抑郁心境的方式包括听音乐,做有氧运动、瑜伽以及进行正念放松和按摩治疗等。研究发现,睡眠训练在改善抑郁方面也非常有效。

116. 同学深受父母不稳定情绪的影响而不愿意回家怎么办?

　　情绪不稳定的人不具备自制性,往往容易冲动,不善于控制自己的情绪。父母情绪不稳定的原因可能很多,很大一部分来自压力,包括经济压力、社交压力、工作压力、婚姻关系压力、养育子女压力等。除此之外,还有可能是个体的人格特质。如果不善于面对自己的问题,总是本能地选择逃避,导致自己情绪不稳定的问题得不到重视和解决,那情绪不稳定的情况就会一直持续下去,无形之中将这种情绪传递给身边人,甚至伤害到身边人。当父母不把孩子当成拥有独立人格的成年人,而是当成承载父母愿望和需求的容器时,那么孩子也要被迫面对父母期待落空后的失控与暴怒,而那本该是父母自己承担的情绪和感受。

　　当心理委员面对有这类困扰的同学时,首先可以尝试引导同学去说服父母寻求专业的心理咨询人员的帮助。其次,鼓励同学与父母进行沟通,一方面了解导致父母情绪失调的原因,着力于推动父母解决实际问题;另一方面表达同学对于父母这种互动方式的感受,温和且充分地表达自己受到了不好的影响,并表达对父母适当控制情绪的期望;再次,可以给父母介绍一些调节控制情绪的方法,包括坚持正常作息和正常饮食,有序的生活有助于情绪稳定。研究证明,长期睡眠不足 7 小时,容易导致人情绪烦躁,暴力倾向明显。最后,心理委员需要积极关注同学本身,鼓励他多参加社交活动,积极探索个人兴趣,转移对父母给自己带来的不良影响的关注,减少内耗。

117. 同学父母频繁向同学抱怨家中经济窘迫怎么办?

任何人都不是完美的,每个人的能力、眼界、目标追求可能都不同,所处的环境背景也有差异,而金钱也不是衡量个人幸福的唯一标准。父母迫于生活压力告知子女家庭当前的经济现状,目的可能是希望作为家庭成员的子女一起分担经济压力,约束自己的需求。父母考虑的可能是孩子在了解家庭经济现状的情况下,能够更好地判断现实是否能够满足他们的精神或物质上的需求,让其知道家庭能够给予他的支持有限,从这一角度来看,父母的初衷并没有错。但是,父母可能会反复提及这个现实,反复对孩子的行为施加压力,对于孩子来说,父母的这种隐晦的、委婉的期待宛如一张无边延伸的大网,甚至带有道德评判的意义。相比于父母对于特定行为的严令禁止和约束,这种带有道德评判意味的期待在更大程度上限制了孩子的自由和选择,更多地压抑了孩子的需求。孩子需要通过克制甚至抑制自己的需要和欲望来承担作为家庭成员、作为子女的"责任",分担父母的经济压力。不同的是,孩子很难判断清楚自己的哪些行为可能被认为是"浪费""败家"的,在经历过几次试探后,逐渐不敢尝试,也会在与家境较好的同辈的比较中逐渐变得自卑。作为成年人的大学生,听到父母有关家庭经济的抱怨会有更多的无助、自责和焦虑,甚至对自我的怀疑。

当心理委员遇到有这类困扰的同学时,首先要给予其足够的支持与理解,肯定其善解人意、努力满足父母期望的优秀品质,在给予其充分尊重的前提下为其提供学校的资助渠道或勤工助学信息,并在获得其同意的情况下将情况告知辅导员。其次,动员班级同学积极与该同学交往,交往过程中要给予其充分的尊重。最后,鼓励同学向父母表达自己的真实想法,包括自己对于父母辛勤抚育的感恩、自己对于家庭经济情况的了解以及自己愿意为家庭尽力的决心,同时也表达自己希望父母减少抱怨的期待。此外,还需要充分了解父母的用意,沟通后形成共识。

118. 同学父亲去世后母亲对他的控制欲加强怎么办?

父亲去世后,孩子与母亲相依为命,联系更紧密。但是,当母亲看着孩子逐渐成长,精神上和物质上都逐渐脱离对她的依赖时会感到害怕。母亲因为害怕孩子的离开,所以拽得更紧,也难以意识到自己的过分控制可能给孩子带来不好的影响,抑或是无法控制自己对于孩子的限制行为。本质上这是母亲感受到分离的反应,缺乏安全感的表现。

心理委员遇到有这类困扰的同学时,需要鼓励他与母亲进行沟通,向母亲传达出自己陪伴她的决心,给予母亲安全感。例如,和母亲交流自己对于这件事情的看法,表达希望母亲尊重自己作为个体的独立性;向母亲表示理解她肩负家庭重担的压力,并充分表达肯定和感恩;诉说自己对于母亲的爱和关心,以及自己希望给予母亲更好的生活的决心;鼓励母亲参加社交活动,发展自己的兴趣和交际圈,将注意力转移到有积极能量的地方,尽量在与母亲充分交流后达成共识。

三、恋爱类

119. 同学表白被拒后生活受到严重影响怎么办?

表白被拒是大学生恋爱生活中很常见的事情,也是心理委员在日常工作中经常面临的问题。很多学生会因为表白被拒而产生自我怀疑,陷入自我否定的漩涡中不能自拔,从而影响正常生活。

当心理委员遇到有这样问题的同学主动来寻求帮助时,首先要做的是耐心倾听,让同学将他想表达的情绪和想法表达出来,并注意同学是否有过激想法或偏激观点。其次,安抚同学的情绪,引导同学放松,了解更多情况。在同学情绪稍微平静下来后,心理委员可以使用在培训课程中学到的合理情绪疗法理论(ABCDE)帮助同学分析问题:A是诱发事件,即同学表白被拒;B是非理性信念,即同学可能认为自己十分优秀,所有的事情都要成功,某件事的失败意味着个人的整体失败,具体的话可能有"表白失败意味着我这个人不行""没有人会喜欢我,我一定找不到另一半了";C是情绪和行为表现:吃不下,睡不着,没有心思干其他事;D是理性信念,即心理委员可以针对同学的不理性信念进行规劝,比如同学说"表白被拒意味着我这个人不行",心理委员可以劝解同学"表白被拒和个人的价值没有逻辑关系,表白被拒不等同于个人不优秀,你身上的很多优点可能会吸引其他异性";如果同学说"没人会喜欢我,我一定找不到另一半了",心理委员可以劝解同学"这一次表白失败不代表之后的表白也会失败"。心理委员在这一步主要是帮助同学去发现自己的不合理信念,并帮助他建立正确合理的关系认知;E 是效果,即经过劝解后同学的反应和表现。很多非理性信念并不是一时可以改变的,这要求心理委员多陪伴遇到这样问题的同学,直到他恢复过来。

以上是针对主动寻求帮助同学的方法,对于发生了表白失败,但不愿意寻求外界帮助的同学,则需要心理委员在工作过程中多多观察,主动询问,建立信任感。"多多观察"是指心理委员要观察该同学是否有明显的行为改变,例如,食欲减退(几天不吃饭)、失眠(好多天不睡觉)、哭泣(长时间不由自主地哭泣)、缺课、长时间卧床等。当出现这类行为时,心理委员要积极和所在学院的辅导员或学校心理中心的专职教师联系,寻求专业帮助。"主动询问"是指心理委员可以主动提供帮助,多多陪伴同学,如约同学去健身、打球等,通过积极健康的活动让同学逐渐走出阴霾。"建立信任感"是指心理委员在主动提供帮助的过程中,要注意自己的方式方法,建立和同学之间的信任,让同学真切地感受到心理委员是为了帮助自己,而不是来笑话自己的。

120. 同学担心自己单身太久找不到另一半怎么办?

当心理委员遇到同学提出这样的问题时,首先可以了解一下同学现在想要恋爱的动机是什么以及他的择偶标准是什么。进入大学以后,很多学生都会期待一段美好的爱情,但是很多时候因为受到影视作品或社交软件的影响,对恋爱抱有过多浪漫的期待,这会让学生在追逐爱情的过程中遇到很多问题。其次,心理委员可以和同学共同探索找不到另一半的原因,比如社交圈子太窄、期待别人追自己、性格内向不爱聊天、对灵魂伴侣要求高等,然后根据原因提出相应的建议,比如扩大社交圈子,多参加班级或社团活动,尝试参加一些社会活动,看到心仪的对象主动建立联系,性格内向的同学要找到适合自己的沟通方式,不要过度理想化另一半,调整择偶要求等。

121. 同学因失恋对学习和生活产生了消极情绪怎么办?

失恋是大学生心理危机的主要诱因之一,因为失恋可能会导致大学生在一段时间内情绪失调、行为异常。当心理委员遇到有同学经历失恋并对学习和生活产生消极情绪时,心理委员可以尽量多陪伴他,多鼓励他,让他意识到生活不止恋爱这一件事,恋爱只是生活的一小部分,生活的意义来自多个方面。心理委员可以鼓励同学多去参加一些社交活动,帮助同学重新找到生活的意义。

122. 如何帮助同学缓减失恋带来的消极情绪?

很多人会经历失恋带来的痛苦和不适,而失恋的消极影响可大可小,这取决于同学如何应对失恋。根据心理咨询的临床经验,人失恋后一般会经历四个阶段:刚分手后情绪激动、难以接受;一段时间后情绪消沉,丧失对外界事物的兴趣;更长一段时间后会试图挽回;最后接受现实,理性回归,开始新生活。每个阶段都需要一定的时间,在这个过程中如果有积极的情感支持会更容易度过。当同学刚分手时,需要正确宣泄自己的情绪。消极情绪的压抑会对人的心理健康造成更大的负面影响。也有不少同学会在这个阶段因为情绪激动,选择不理智地放纵自己,做出一些错误决定。心理委员在这个阶段可以引导同学正确宣泄情绪,避免因为情绪激动做出不理智的选择。同学在分手后很可能会抑郁一段时间,食不下咽,夜不能寐,处在这个阶段的同学很可能对自我价值产生怀疑,自我否定,甚至会有自伤行为,心理委员要多帮助同学疏导抑郁情绪,重拾信心,不做出过激行为。不少同学分手后会想挽回失去的感情,偷偷关注对方的社交平台,侧面打探对方的动向等,这些行为只会让同学更难走出伤痛。心理委员要帮助同学应该认识到破镜重圆仍有裂痕,沉溺于打探对方近况的行为只会牵绊自己昂首前进的脚步。当同学经历过以上阶段后,最终会回归理性思考,认识到上一段感情存在的问题,理性看待失恋这件事情。在整个调整过程中,心理委员要帮助同学意识到时间是疗愈伤痛的良药,忽视失恋带来的伤痛和长久沉溺其中都不是正确的做法。

123. 同学因难以接受网恋奔现后的差距而苦恼怎么办?

随着社交网络的不断发展,同学建立亲密关系的途径已经不局限于现实中的社交,网络世界会有更多和他们志趣相合的人,他们的爱情很可能开始于网络。当感情发展到一定阶段，大多数同学会选择线下见面，而线下见面后一切浪漫"滤镜"可能开始消失，同学会看到对方的缺点，幻想破灭，内心落差感很大，从而造成心理困扰。造成这种情况的主要原因是网恋具有很强的虚拟性和理想性。同学在网络恋爱时会不自主地美化对方，幻想对方具备令自己心动的所有特征，可以理解自己所有的情绪，实际上同学更多的是和理想中的对象谈恋爱，并非现实中的人。当线下见面时，所有的幻想开始变得具体，他的一举一动都开始变得真实，神秘感和新鲜感逐渐消失，同学可能会因为幻想里的人和现实中的人差距巨大而放弃这段感情。实际上，网恋本身只是依托网络交流的恋爱方式，就算在现实恋爱中也会遇到新鲜感消失的问题。当同学遇到这种问题后，心理委员可以帮助同学认识到完美的另一半并不存在，过度美化对方会降低自己的恋爱满意度，也可能会错失一份美好爱情。心理委员还可以帮助同学分析这段感情是否健康、是否存在风险、会不会是网络骗局等问题。

124. 如何帮助同学缓解和异地女朋友吵架产生的苦恼？

在恋爱过程中，情侣双方发生争吵和冲突是很常见的。当情侣双方可以面对面交流时，冲突相对会更好解决；而当情侣双方处于异地时，冲突发生后可解决问题的途径和方式会相对较少。比如，如果一方选择关闭手机，那么另一方很难找到有效的沟通途径去解决问题。当同学因为异地恋发生冲突来寻求心理委员的帮助时，心理委员首先要试图平复同学的情绪，了解清楚冲突发生的具体经过,理性分析发生冲突可能的原因,引导同学解决冲突。如果异地恋双方发生争吵后,对方拉黑同学或关闭手机,心理委员可以劝同学先冷静,不用过度烦恼,等对方情绪平复了再用心沟通;如果是同学选择拉黑对方或关机,心理委员可以劝说同学不要用这样的冷处理方式来伤害对方,可以和对方解释自己需要时间冷静,冷静期内先不要联系,以免情绪激动说出伤害感情的话。两人情绪平稳后要抱着把关系持续下去的心态去解决问题,而不是要进行分出胜负的"决斗",在相互较量的心态下很容易两败俱伤。至于如何解决问题,就需要具体问题具体分析,共同协商出两人都可以接受的方案。此外,在解决问题过程中,双方都应该抱着尊重和爱的态度。

125. 同学面对感情时犹豫不决怎么办?

当同学想要开启一段恋爱时,有可能会犹豫不定,想要向对方表明心意,但又怕表白不成功。当心理委员遇到有同学带着这样的问题来寻求帮助时,首先要帮助同学认清他对对方的感情究竟是什么样的。如果同学认定自己对对方是真爱,接下来心理委员可以和同学一起探讨他犹豫不定的原因是什么。如果同学觉得两人的感情还没有十分明确,那可以建议同学再和对方相处一段时间,利用这段时间去培养感情;如果同学觉得是担心表白被拒,那可以和同学说明"如果尝试表白,两人很可能在一起,被拒绝也不是什么了不得的大事,至少自己为幸福努力了";如果同学担心自己不会谈恋爱,这可能说明同学缺乏一定的恋爱效能感,他不相信自己的恋爱能力,这种情况心理委员可以积极地鼓励他,让他相信自己有能力处理好恋爱问题,也可以推荐同学去听一些有关恋爱的主题讲座,增长幸福认知。

126. 同学面对一段恋情不确定是否应该分手怎么办?

已经在恋爱中的同学,不知道该不该选择分手,面对这样的问题,心理委员可以先和同学一起分析他是通过什么判断两人感情已经走到了尽头。如果同学很模糊,只是一种感觉,心理委员可以引导他思考:两人是否还有共同语言、共同兴趣?两人是否还愿意互相包容?是否都还对感情有投入?因为很多时候是新鲜感的消失让感情归为平淡,并不是因为恋爱双方不再爱对方。如果这些答案都是肯定的,同学可以选择继续下去,并为维持感情做出其他努力;如果答案都是否定的,那这段恋情可能确实到了尽头,同学应该尽快决断,因为犹豫不决只会让自己的精力在纠结和犹豫间消耗。在这种情况下,心理委员要帮助同学理解,他对感情的不舍一部分是因为自己对这段感情的投入,一部分是因为不知如何面对分手之后的生活。在不合适的感情中继续消耗只会让双方两败俱伤,而分手的伤痛是一时的,果断分手可以保护两个人。当同学选择分手后,应该主动和对方开诚布公地深入交谈,说明自己想要分手的原因,在这期间也要倾听对方的想法,即便分手也要互相尊重。既然选择分手,同学不能采用冷暴力的方式,要果断,也要直面自己做出选择的结果,接受对方可能会有的反应,勇敢面对。

127. 同学因另一半情绪容易激动而困扰怎么办?

在恋爱过程中,有些同学会很容易受到另一半的情绪影响,这可能是因为自我分化程度低。自我分化程度低的同学更可能受到他人情绪的影响,觉得需要顺着他人的情绪,但这样做会有许多不必要的情绪困扰。心理委员可以建议同学提高区分自己和他人情绪边界的能力,我们可以理解对方的情绪,可以共情,但不需要为他的情绪负责;同学要学会关心自己的情绪,照顾自己,把自己的情绪放在第一位;同学还可以尝试去认知他人的情绪源头,明辨对方情绪的根源,不要让对方的情绪波及自己。

128. 同学因恋爱对象不能理解他而烦恼怎么办?

恋爱过程中很多同学会因为自己的另一半不能理解自己而产生困扰。我们期待可以和对方心有灵犀,这种想法在实际中很可能会令人失望。心理委员可以这样帮助有这类困扰的同学。首先,要让同学意识到:因为成长环境和个人特点不同,每个人理解他人想法和情绪的能力也是不一样的,并不是每个人都有很好的共情能力,这也就可能造成对方不能理解自己的情况。其次,心理委员可以让同学学会和自己的恋爱对象进行良好的沟通,对自己的诉求和情绪进行明确合理的表达,让对方明白自己现在的想法和情绪,告诉对方你的需求。很多同学会不想表达自己的想法和观点,始终认为对方就应该懂我,我不说他也可以懂我,这种认知只会造成双方越来越深的误解。只有你明确地和对方表达你的想法和感受，对方才能知道你的所思所想，才能对你的感受和想法有所回应，因为良好沟通是消除误解的最好方式。心理委员还可以提醒同学，沟通是真诚、互相尊重地表达感受，而不是抱怨、埋怨或指责对方。

129. 同学的恋爱观与现实问题产生冲突怎么办？

很多同学的恋爱观会受到社交媒体和影视作品的影响，或过度浪漫主义，或过度悲观主义，而这样极端的恋爱观在现实中很容易发生冲突。很多影视作品通常会将爱情"去物质化"，或者仅将故事聚焦在爱情上，忽视了平淡生活的真实性。同时，也有很多社交媒体为了博取流量，会报道一些新闻揭露爱情的"丑陋"，宣传爱情只会伤人的观念。事实上，过度刻画爱情的甜蜜和苦涩都是失真的。当同学遇到恋爱观无法容于现实的问题时，心理委员可以帮助同学分析他的恋爱观在哪些方面上是失真的。比如，有些同学可能会想象自己的爱情就要像"甜宠剧"，双方生活的所有注意力都要放在恋爱关系上，针对这种情况，心理委员要帮助同学理解恋爱只是生活的一部分，生活的各方面都需要去关注。如果有同学认为世间没有真爱，都是以利益为中心等，心理委员可以帮助同学理解，人与人之间还是有真诚的感情存在的，不要以偏概全。总之，当同学遇到恋爱观的困扰时，心理委员可以尝试用正确、理性的观点开导他，也可以建议同学去看一些关于恋爱的学术书籍，树立正确的恋爱观。

130. 同学因为恋爱对学习造成很大影响怎么办？

尽管清楚知道要平衡好恋爱和学习的关系，但很多同学在实际生活中真的很难处理好两者之间的关系。在恋爱过程中患得患失，生活的重心向对方倾斜，因为一点小事情绪波动极大等，都会耗费同学的精力，影响正常的学习生活。当同学遇到这种情况时，心理委员可以为同学提供一些建议。例如：建议同学提高情绪控制力，不让小事影响自己的心情和专注力；两个人共同安排学习时间，约定好在这段时间里两个人都要专注于学习。如果两个人在一起学习会相互影响，那就分开学习，互不影响。爱情应是锦上添花的事，两个人相互鼓励、共同进步的恋爱关系才会更加持久。

131. 恋爱中的同学对自己的外貌感到十分焦虑怎么办？

当同学在恋爱过程中产生不必要的容貌焦虑时，心理委员可以帮助同学减轻对自己外貌的关注，舒缓他的焦虑情绪。首先，心理委员要帮助同学认识到他的容貌焦虑来自哪里。很多有外貌焦虑的同学是因为担心他人的负面评价，将自我价值和他人的喜爱绑定在一起。当得不到外界的好评时，就陷入深深的自卑，而一旦得到外界好评，就继续加深自我价值和外界评价的绑定程度。无论是什么样的表现，都是没有真正做到自我肯定，自我价值随外界评价波动。在恋爱过程中,同学体验到了外貌焦虑,很多时候可能是担心"色衰而爱驰",担心对方离去,这才是容貌焦虑的根源。知道焦虑的根源后,心理委员就可以帮助同学去理解"个人价值不取决于他人,真正的美丽就是自信"。同学可以多尝试一些让自己开心的事,向内关怀自己、爱自己,摆脱对他人评价的担忧,建立一个稳定的自我,多多地自我肯定,这样不论在什么样的关系中,同学都可以做到从内到外的自信。心理委员也可以建议同学尝试一些自我肯定的训练,去尝试一些自己没做过的事,专注于自己擅长的领域,逐渐减少对外貌的关注和焦虑。

132. 同学因为恋爱对象背叛他而产生心理不适怎么办?

当同学经历恋爱关系中另一半的背叛时,他可能会有许多的复杂情绪,如抑郁、生气、羞耻、怀疑、困惑和焦虑等。理解和处理这些复杂情绪是从背叛中恢复的重要过程。心理委员要让同学明白,从背叛造成的伤害中恢复过来,有些人可能需要比其他人更长的时间。应对同学因感情背叛产生的困扰,心理委员可以建议同学这样做。首先,接受自己复杂的情绪体验。在遭遇背叛后感到失望是很正常的,与其压抑这些情绪,不如用正确的途径释放出来。有些同学可能会想报复对方,这时心理委员要注意对这种愤怒情绪的疏解,让其明白报复对方也改变不了已经造成的伤害局面,只会让自己更加痛苦,更难走出对方带来的苦恼。其次,不要为发生的事情责怪自己。虽然对恋爱关系进行自我反省有益于个人成长,但过度的自责只会让自己受到更多的伤害。最后,经历背叛的同学可能在一段时间内会封闭自己，拒绝沟通，心理委员除了陪伴外，还要多关注同学的状态，必要时要寻找专业心理老师的帮助。

133. 同班级的情侣分手了该怎么面对彼此?

当同学带着这个问题来咨询心理委员时，心理委员可以提出以下建议。首先，双方分手后尽量不在公开场合发生冲突或表现出负面情绪，如果想要沟通，尽量选择私下沟通的方式。其次，分手后两人如何相处应达成共识，不论是选择视若无睹还是做普通朋友，双方都应该秉持尊重对方的态度。最后，因为双方都已经成年，尽量避免使用幼稚的手段攻击对方，不肆意传播双方恋爱过程的细节等。另外，心理委员在与同学沟通的过程中要尽量保持中立，不要有选边站队的倾向，可以与对方共情，但要尽量避免因自己的偏向等问题卷入恋爱双方的纠纷中。

134. 同学因忙于学业和竞赛与恋爱对象关系变差怎么办?

当同学有这样的困扰时，心理委员可以从以下几个方面开导。首先，在大学期间同学忙于学业并积极参加各类竞赛是好事，不能因为学业和恋爱产生冲突而放弃学业。其次，由于没时间陪伴恋爱对象而导致两人关系变差，这涉及双方沟通和时间管理的问题。同学可以找时间和恋爱对象就这个问题深入沟通，表明自己虽忙于学业和竞赛,但并不是不在乎恋爱对象,希望对方可以理解。同时,同学可以认真倾听恋爱对象的情感需求。有时候可能是双方对恋爱形式的理解差异而导致矛盾。例如,一方觉得恋爱不需要天天在一起,而另一方觉得恋爱就得时时刻刻在一起。当双方互相理解后,可以共同探索一个适合自己的恋爱形式。具体的时间规划要根据具体情况而定。例如,如果两个人是一个专业方向的,同学可以邀请恋爱对象一起学习,共同进步,把约会和学习融合在一起;如果两个人不是一个专业方向的,那双方可以协商一个约会方案,约定好每周固定时间两人心无旁骛地约会,其余时间两人都在各自领域学习成长。沟通好后一定要认真落实双方确立的方案。如果约定不能落实,情侣之间的信任感会逐渐破灭。如果落实约定确实有困难,一定要给对方一个合理的解释。

以上的建议不仅适用于男生因忙于学业没时间陪女朋友的情况,同样也适用于女生因忙于学业没时间陪男朋友的情况。

135. 同学因与恋爱对象冷战而产生困扰怎么办?

恋爱过程中产生矛盾是很正常的,但双方选择冷战的方式来解决问题可能并不是一个合适的选择。首先,心理委员要耐心倾听同学的叙述,和同学共同分析恋爱双方产生矛盾和冲突的原因。其次,心理委员可以和同学一起思考如何解决问题。例如,劝说同学尽快结束冷战状态,建立沟通渠道,使问题在双方沟通的基础上得到解决。很多同学会把恋爱当成一场博弈,总会抱有"我先联系对方我就输了"的观念,而这种观念实际上是错误的。心理委员可以帮助同学树立一种观念,即恋爱过程中产生冲突后,恋爱双方要抱着解决问题的态度去应对冲突。沟通是建立在双方爱意的基础上的,并不是要分出输赢对错来,良好的关系需要双方共同维护。

136. 同学因恋爱关系不稳定而抑郁怎么办?

不论什么原因,当同学表现出抑郁状态,如情绪暴躁不稳定、经常因情绪崩溃而哭泣等行为时,心理委员都应该及时向心理中心专职教师反映,同时建议同学前往心理中心寻求帮助。很多心理委员认为将同学的状态向老师汇报是打小报告,会被人讨厌,心理委员应该转变这种认知。当同学出现十分典型的抑郁症状时,心理委员的及时报告可以帮助同学,避免更大的危机发生。心理委员在这种情况下也可以多了解一些同学的近况,及时报告给专业心理老师,让老师可以更快地了解个案,更及时地帮助同学。

137. 同学不知道大学期间是否应该谈恋爱怎么办?

对于这个问题,不同的人会有不同的答案。有些人会说大学生不该恋爱,要专心学习,工作后谈恋爱会更稳定,也会有更好的选择;有些人会说大学不谈一次恋爱太遗憾了,再没有这么单纯的爱情了。最后的答案实际上还是在同学自己的心里,要不要谈恋爱、什么时间谈恋爱都不是一定的,前提是自己真的爱上了一个人,想要和他一起体验爱情的美好和苦涩。心理委员要帮助同学树立正确的恋爱观,帮助同学认识到谈恋爱不能是因为寂寞或从众,应该秉持负责任的态度开展一段关系。如果没有遇到合适的人,同学要学会和自己相处,成为更好的自己。

138. 同学恋爱过程中总是争吵但又不想分开怎么办?

恋爱过程中,因为双方对彼此的期待和要求不一样,很容易在调整相处模式的过程中发生冲突。如果冲突解决得当,是有助于感情维持的;如果双方在吵架中彼此消耗,相互指责和埋怨,那这段感情对双方都是一种伤害,即便再不想分手,还是会在不断的争吵中消磨爱意。当心理委员遇到有这类困扰的同学时可以这样处理。首先,心理委员可以和同学共同探讨他和恋爱对象的冲突是因为什么,如果根源是两人三观不合,冲突是否可以解决这些问题。如果同学觉得自己无力处理,很多时候是因为恋爱效能感不足,心理委员可以适时地给予对方鼓励和支持。其次,心理委员可以帮助同学认识到,因为每个人的人格特性、三观等可能都不尽相同,在恋爱过程中发生冲突是很正常的。最后,心理委员可以建议同学采用理性的方式来处理双方的冲突。例如,在平时的交往过程中,双方的沟通方式应尽量温和,表达要温柔清晰,杜绝用贬低、嘲讽的方式。当冲突发生时,双方要尽量保持克制和冷静,稳定自己的情绪,努力做到冷静地交换观点。如果一方情绪过于激动,可以先暂时分开,冷静之后再及时处理问题。心理委员可以提醒同学,争吵的目的是解决冲突,不是分出胜负,所以要秉持解决问题的态度,维护健康良好的恋爱关系。

139. 同学希望在大学期间遇到心仪的人但又怀疑自己的魅力怎么办?

很多同学会在找寻恋爱的过程中体会到不自信的感觉,担心自己不够有吸引力,没人会喜欢自己,但事实上这种担心和焦虑是不必要的。对个人魅力的过度焦虑反而会影响同学在找寻恋爱对象过程中的心态,使同学变得犹豫不决,甚至错失良缘。

当心理委员遇到有这样困扰的同学时,首先要了解同学的想法,他认为自己哪些方面不够有魅力。常见的可能有外貌(比如觉得自己不够高、不够帅、不够漂亮、不够苗条等)、性格(比如觉得自己不够外向、不够活泼、不够幽默等)、才能(比如觉得自己不够聪明、成绩不够突出、不爱运动等)等方面,这些原因都可能是造成同学焦虑的源头。其次,当同学说出自己的顾虑后,心理委员可以有针对性地提出自己的意见和建议。对担心外貌的同学,心理委员可以建议他去锻炼身体或者学习服装搭配等;对担心性格的同学,心理委员可以建议他尝试一些社交技巧等;对担心才能的同学,心理委员可以建议他专注于学习,努力提高学习成绩等。需要特别指出的是,心理委员提出的这些建议都应该把握住一个核心,就是帮助同学建立自信,提高他们的自信心,让他们从生活中体验到更多的自我肯定,学会欣赏自己,赞美自己,逐渐减轻对自己的怀疑。最后,心理委员还可以提醒同学,不是只有十全十美的人才可以谈恋爱,每个人都可以体验爱情,真正喜欢一个人就会发现他身上的闪光点。

140. 同学在追求爱情的过程中付出很多却未赢得对方的真心怎么办?

同学在追求爱情的过程中如果遇到对方不回应自己的爱意,肯定会非常苦恼。面对这种情况,心理委员首先要指出同学的误区,让他认识到爱情不是等价交换,一方的付出和另一方的感情并不是成正比的,并不是付出得越多对方就越喜欢你。心理委员还可以提醒同学,是不是真的了解对方,可以尝试投其所好。在同学的付出下会有两种结果:一种是对方因为同学的坚持愿意和他在一起了,这种双向奔赴相当是美好的;另一种则是对方并不接受同学的追求,这种情况同学应该潇洒退出,不再纠缠。倘若自己一味持续自我感动式地付出,一方面会带给对方很大的压力,这并不是真的喜欢对方、为对方好的表现;另一方面是同学自身会受到情感和精神上的伤害。当喜欢变成执念,只会让自己更加痛苦,不如尊重对方的选择,也尊重自己,让人生继续向前。

141. 舍友因失恋而产生自残行为怎么办?

当有同学因为失恋或其他重大生活事件而出现自残行为时,心理委员应该第一时间上报辅导员和心理中心专职教师。在辅导员或心理中心专职教师来之前,心理委员应该一直陪伴在有自伤行为的同学身边,防止同学做出过激行为,威胁到自己和他人的生命安全。在陪伴过程中,心理委员要耐心倾听对方的想法,舒缓对方的情绪，尽量使用轻柔的语气、语调，不可再刺激对方，要转移对方的注意力。当老师对同学进行紧急干预后，心理委员还要多关心同学，直到同学度过最难过的这段时间。同时，心理委员要注意保护好同学的隐私，不要将同学的私事外泄，避免二次伤害的发生。此外，心理委员也要做好自我呵护，关注自己的情绪，如果感觉压力很大、很焦虑，可以找心理中心专职教师咨询，缓解自身的心理压力。

142. 同学总是因为感情中的一点小事而患得患失怎么办？

当同学因为这样的困扰来找心理委员诉说时，心理委员首先要耐心倾听同学的诉说，让同学把自己的困扰和顾虑全部讲出来，然后再和同学一起分析他在感情中患得患失的原因。同学在感情中患得患失、缺乏安全感，很多时候是焦虑型依恋的表现，而导致同学焦虑型依恋的原因可能是来自原生家庭的影响。在原生家庭中家长忽视了对孩子情感需求的回应，造成了同学对亲密关系的消极预期，即将"再亲密的人也不会真正地关心爱护我"这种观念迁移到了恋爱关系中，投射到了自己的另一半身上。造成焦虑型依恋的可能原因还有同学不合理的信念。同学将爱与不爱绝对化到某些行为上，比如秒回信息、秒接电话这样的事情上；或者以偏概全，将一两次的吵架推及至对方不是自己命中注定的另一半等。这些不合理的信念都会导致同学在恋爱关系中的焦虑。当分析完原因后，心理委员要强调这种焦虑是可以通过自己的努力得到改善的。第一步，同学应该把注意力的重心聚焦在自己身上，提高对自己的认同感，不把自身价值的评价放在他人手上。第二步，改变自己的不合理信念。当对方不回短信时,第一想法不是"对方不爱我",而是"对方一定在忙,忙完就会回我了,我也要忙自己的事"。只有努力改变自己,才能改变患得患失的焦虑。

143. 同学喜欢的女孩说只想和他做朋友怎么办?

爱情应该是双向奔赴的,但很多时候并不是有求必有应,当两人情感没到位,或者对方觉得不合适做情侣,都可能会拒绝另一方的爱意。当同学带着这种问题来咨询心理委员时,心理委员首先应该表达对同学遭遇的理解,毕竟被拒绝是令人难以接受的事情。心理委员可以建议同学和对方进行一次开诚布公的谈话,互相了解彼此的感觉和想法,共同界定一下未来两人的关系应该是什么样的。然后,心理委员要建议同学尊重对方的决定。如果对方要求两人保持距离,那同学应尊重对方的选择,不要给对方施加压力或试图改变对方的想法;如果同学可以接受两人继续做朋友,对方也不需要保持距离,那就把关系的重点放在如何维持良好的友谊关系上。当然,同学可能需要一些时间来处理自己面对对方时的感觉。此外,心理委员还应强调,不论什么样的选择,同学都应该照顾好自己的情绪,如果真的做不了朋友,就及时抽身,既尊重对方的选择,又避免自己受到伤害。

144. 同学不明白谈恋爱的意义怎么办?

每个人对于谈恋爱的意义会有不同的理解。不同的人生阶段、不同的恋爱对象也会具有不一样的人生意义。心理委员首先要让同学明白，对于大学生来说，大学生活意味着远离家乡、远离父母，这段时期可能充满着挑战和压力，有一个稳定的恋爱对象可以为同学提供情感支持和心灵安慰。其次，在建立亲密的恋爱关系时，同学可以有很多学习和成长的机会，和恋爱对象互动的过程也可以培养同学沟通和解决冲突的能力，了解不同的人生观。再次，有一个亲密的恋爱对象可以和同学"共享"人生，两个人在一起更可能去体验不一样的人生经历。最后，良好的恋爱关系可能会带给同学向往更好生活的动力。

145. 同学因追爱受挫感到难过自卑怎么办?

当同学追爱受挫时，很容易产生情绪上的困扰。作为心理委员，当同学经历这样的痛苦时可以从以下几个方面帮助同学。首先，认真倾听。建立一个安全隐私的空间，让同学可以放心大胆地向你倾诉，很多复杂的情感在倾诉过程中可能会有很大的好转。其次，表示理解。心理委员可以表达对同学感受的认同，让同学知道在这样的情况下感到难过自卑是正常的。心理委员也可以提醒同学，很多人会经历这样的事，如果有需要，可以寻求专业心理咨询师的帮助。再次，帮助同学寻找心理支持的资源。比如，建议同学参加一些心理健康活动，参加学校心理中心提供的团体辅导，或者去锻炼或者正念冥想等，找到适合自己的心理资源来应对当下的苦恼。最后，帮助同学找回自信，积极社交。心理委员可以引导同学思考自己的长处和优势，建立合理的人际关系期望，学习建立良好人际关系的技巧以及情绪调节技巧等。总之，对待这样的同学,心理委员要有耐心,表达理解。每个人处理情绪的方式都不同,心理委员要根据不同同学的特征提出有针对性的建议。

146. 如何帮助受过感情创伤的同学再次相信感情?

一段不美好的恋爱经历会影响一个人的心境很长时间,作为心理委员,可以为这些同学提供一些情感支持和指导。首先,当同学和你分享他的失恋经历时,心理委员应保持开放和包容的心态,积极倾听和共情。同时,心理委员应该注意对同学隐私的保密。同学将自己的脆弱呈现出来,心理委员有责任和义务保护他的隐私。其次,心理委员可以对同学的感受表示认同。在一段糟糕的关系后对爱情持怀疑态度是很正常的。再次,心理委员可以建议同学给自己一段时间成长,重拾对他人的信任,不必急于进入下一段恋爱关系。最后,心理委员可以建议同学看一些关于亲密关系或者人际沟通的图书,对人际关系和亲密关系建立正确的认知,重拾对爱情的信任。

147. 同学因为大学期间没有遇到爱情而焦虑怎么办?

在大学阶段,同学们会接触很多类似"大学不谈恋爱就是不完整的"言论,如果身边的同学都接二连三地成双入对,只剩下自己形单影只,在这样的情境下同学会产生深深的单身焦虑。当同学有这样的困惑时,心理委员可以从以下几方面开导他。首先,心理委员要帮助同学认清自己焦虑的来源是什么。是因为身边同学都脱单了自己着急,还是担心自己不够好不能脱单?找到让同学产生焦虑的原因才能更好地帮助他缓解焦虑。如果同学焦虑是因为身边人都脱单了,只有自己单身,心理委员可以开导同学,"自己的人生节奏不一定要和身边同学一致,没有遇到让自己心动的人,保持单身是对自己也是对他人负责的表现"。如果同学是因为觉得自己不够优秀脱不了单,心理委员可以开导同学,"对自己的认可应该来自内心深处,不需要用这种脱单与否的标准来评判自己的人生价值"。心理委员可以帮助同学树立正确的观念:单身的时候,要接受自己单身的状态,努力提升自己,从内心认可自己、爱自己,让自己的生活充实;当遇到合适的人时,要抓住机会勇敢追求。接受自己当下的状态,充实地过好每一个人生阶段才是最好的人生体验。

148. 在恋爱中遇到情感控制(PUA)怎么办?

北京大学包某自杀案让"PUA"被大众熟知。"PUA"原意是"pick-up-artist",指搭讪艺术家,最初更多是指成功对陌生女性搭讪并诱骗其发生性行为的男性,后其词义经过引申,更多表示的是恋爱关系中一方通过精神打压的方式对另一方进行情感控制。实际上,PUA行为背后隐含的是心理学中的"煤气灯效应"。煤气灯效应是一种情感控制,感情一方扮演操控者,另一方扮演被操控者。操控者通过长期将虚假、片面或欺骗性的话语灌输给被操控者,从而使被操控者怀疑自己,质疑自己的认知、记忆和精神状态,最后成功控制被操控者的思想和行为。在操控者长期的洗脑和精神虐待下,被操控者出现认知失调和认知偏差,引起自身低自尊状态,从而出现焦虑、抑郁等精神疾病。

情感控制和精神虐待对同学的身心健康有着十分负面的影响,在恋爱过程中同学应该注意识别。当同学无法判断自己是否遇到情感控制时,心理委员可以帮助同学判别,具体的迹象如下:第一,对方会试图切断同学和外界的联系,让同学处于孤立状态,同学的生活重心只能是他;第二,对方会试图控制同学生活的细节,对同学生活全面掌控,不顺从他的安排就会生气;第三,对方会对同学身上的缺点进行批评和指责,并强调除了自己没有人会爱他。当同学在一段恋爱关系中发现对方有上述行为时,应该及时结束这段感情,远离试图情感控制自己的人。除了及时抽身之外,同学还要及时寻求外界帮助和支持,积极建立独立的自我,拒绝对方失实的打压。

149. 同学遇到喜欢的人应怎么做?

当同学带着这样的问题来咨询心理委员时,心理委员可以这样做。首先,心理委员应该帮助同学意识到,当面对自己喜欢的人时,感到紧张和不自然是很正常的,要放平心态对待对方。其次,面对自己喜欢的人,同学应该做真实的自己。如果戴着面具去和对方相处,最终只会让自己十分疲惫和沮丧。同学要相信自己真实的样子也自带光芒,有闪光点吸引着对方。再次,同学不应该急于表白。给对方和自己一个彼此了解的时间,更深入地了解对方的内心世界,有利于建立更稳固的感情基础。从次,当同学决定追求对方时要尊重对方,不要让对方感到压力和难堪。有时候适当保持一些距离可以让爱意在间隙里滋生。最后,不要自我设限,太过担心焦虑。比如，担心对方会不会拒绝自己，自己是不是不会谈恋爱，自己和对方是不是真的合适等。认真地享受自己和对方相处的时间，至于两人相处之后的结果是什么样的，同学应该抱着开放的态度接受所有可能的结果，珍惜每一段人生经历。

150. 如何帮助同学分析自己的感情处于什么状态？

情侣双方度过一段热恋时期后，由于激情和新鲜感的褪去，很可能进入一段平淡期，在这个时期，情侣双方可能会经常争吵或者感觉对感情的投入没有那么多了。很多同学会疑惑进入这个阶段是不是双方已经没有爱情了。实际上，这一阶段并不是对感情宣判死亡的阶段，相反，利用好这一阶段两个人可能进入更加亲密的互相依赖阶段。当同学遇到这样的困惑时，心理委员可以根据以下内容帮助同学判断。首先，情侣双方是否还有依赖感。即便是在平淡期，情侣双方还是会选择互相依赖，而不是选择自己独立，试图将对方排除在自己的生活之外。其次，双方是不是还有责任感。处于平淡期的情侣双方仍愿意参与对方的生活，而不是觉得你的事与我无关。再次，双方是不是还愿意为了维持感情投入精力和资源。不论是情感上还是物质上，当双方还想继续向前发展时，双方都会愿意继续付出，而不是拒绝投入。从次，双方是否都在为共同的未来做规划。如果双方做的很多事都是为了长远考虑，说明情侣双方对共同的未来还有期待。最后，双方是否还保持肢体上的亲密。如果还有爱，情侣双方会有稳定的亲密接触；如果不爱了，则会抗拒这种亲密接触。总之，即便是在平淡期，双方还是会希望感情继续下去，如果是不爱了，则会选择停止对感情的投入。

151. 同学被不喜欢的人纠缠怎么办?

当同学因被不喜欢的人纠缠而困扰时,心理委员要耐心倾听同学的遭遇,积极共情。被不喜欢的人纠缠是件很让人苦恼的事情。即便已经多次拒绝了对方,对方还是义无反顾地追求,被追求者还要无辜承担"伤害"对方的愧疚感。更有甚者,有些追求者会不顾一切地侵犯被追求者的边界,肆意窥探被追求者的隐私甚至利用不正当的手段来实现自己参与对方生活的目的。这些实际问题都会造成被追求者的心理困扰。

当有同学遭遇这样的经历时,心理委员可以这样处理。首先,建议同学明确告诉对方确实没可能在一起,不论对方纠缠多久都不会改变结果,并告知对方他的纠缠行为已对自己造成困扰,希望对方尊重自己。拒绝时语气要尽可能坚定。面对对方的死缠烂打或者自伤等极端行为同学可能会心软、会愧疚,但事实上,对方利用这些方式来道德绑架同学时,已经在伤害同学,同学不需要因此自责心软。其次,同学可以选择将对方排除在生活之外,尽量不见对方,切断联系。如果确实在学习生活中有交集,避免不了见面,那么同学可以选择忽视。当必须交流时,公事公办,不和对方探讨除公事以外的内容。再次,当以上方式都无法让对方死心,对方还是继续纠缠,同学可以寻求学校老师的帮助。最后,同学在拒绝对方时,不能使用侮辱或羞辱对方的方式,避免刺激对方。如果发现对方有极端行为倾向,无论是自伤还是伤害他人的倾向,同学都要选择向老师求助,保护自己和他人的人身安全。

152. 同学因为客观原因无法和恋爱对象见面而苦恼怎么办？

现在有很多异地恋的同学，他们会因为距离、学业压力、经济压力等因素很长一段时间不能见面，这种思念的苦恼会影响同学的情绪稳定。当同学有这样的困扰时，心理委员可以提出以下建议。第一，利用各种社交软件和恋爱对象保持亲密的联系。两个人可以随时分享生活的点滴，保持对方在自己生活中的参与感。第二，安排一些可以一起做的事。比如，一起看电影，一起打游戏，一起看书，总之，保证两个人有共同的乐趣。第三，在不见面的日子里让自己保持忙碌。一个人也可以很快乐，培养自己的爱好，锻炼身体，为下一次见面做准备。第四，为未来做计划，畅想两个人结束异地恋后的美好生活。畅想和期望是保持亲密的动力。第五，信任彼此。不患得患失，相互支持，就算不在身边也可以给予对方鼓励。第六，保持积极的心态。虽然最近见不到彼此，但不代表一直见不到，多去想两个人感情中积极的一面。虽然缓解苦恼最好的方式是见面，但是不见面时也要保持积极的心态。

153. 如何帮助同学认清被情感操控的现实？

心理委员平常和同学的距离很近，可以观察到同学生活中的很多细节。当心理委员发现同学被他的恋爱对象情感操控时，可以做一些事情主动帮助同学。首先,心理委员要注意观察并记录同学被情感操控的具体事例,这样在和同学沟通的时候,可以更好地帮助对方理解。其次,心理委员可以找一个私密而舒适的环境和同学沟通,尽可能用温柔舒缓的语气,让对方更容易听取心理委员的观点,也让对方明白自己是真的关心他。再次,和同学分享自己观察到的同学被情感操控的具体事例,避免不客观、不理性的判断。最后,和同学解释什么是情感操控,它会有什么危害。在同学了解情感操控后,再让同学回顾自己是否在这段关系中体验到很多不自信,经常被否定、被打击,是不是开始怀疑自己。如果同学的情绪体验十分糟糕,可以鼓励他寻求专业心理老师、辅导员或父母的帮助。如果同学表示害怕或担心,心理委员可以提出自己会陪在他身边,帮助他度过这段艰难的时光。实际上,被情感操控的同学很可能选择继续留在那段感情中,心理委员也不必为此感到焦虑或自责,让同学转变观念或者接受自己被情感控制的事实是需要时间的。在这种情况下,心理委员可以耐心地陪伴在同学身边,关注对方的状态。如果对方的情况越来越糟糕,心理委员要及时向辅导员、心理健康专职教师汇报,请他们来帮助同学。

154. 同学因父母不同意其在大学期间谈恋爱而苦恼怎么办?

进入大学后很多同学都会期待一段甜蜜的恋爱,但有的父母因为各种原因不允许孩子谈恋爱。中国传统教育提倡敬贤敬长,对父母的要求同学很难拒绝,而自己内心又十分渴望爱情,两者的冲突和矛盾会让同学感到十分困扰。当同学遇到这类问题时,心理委员可以这样做。首先，心理委员可以劝说同学试着从父母的角度看问题。父母可能是因为担心孩子的学业和安全，同学可以和父母开诚布公地交流自己想要谈恋爱的想法，分享自己想要发展这段感情的意图和理由。分享完自己的想法后同学也要倾听父母的意见，并耐心地解答他们的问题和意见。同学可以和父母解释自己将如何在学业和恋爱之间取得平衡，并向他们保证自己会以学业为重。其实，很多时候父母不让同学去谈恋爱或者做其他事情，是因为他们不信任自己孩子的能力，不认为他们可以承担相应的责任，所以同学可以向父母表明自己已经可以独自承担责任。如果父母还是表示担心，那同学可以和父母协商一个方案，比如工作日都在学校学习，周末才出去约会等，让父母看到自己平衡好两者的关系。其实，同学对父母的意见可以保持开放的态度，当自己遇到一个喜欢的人时，也可以和父母讲一讲，听听他们的建议。如果父母坚决不同意，那同学只能妥协，然后遵从自己的内心去做自己想做的其他事情。

155. 同学谈恋爱时因为经济问题感到压力很大怎么办？

在恋爱关系中，很多时候绕不过一个话题那就是恋爱花销。情侣平时的约会，逢年过节互送礼物，这些都需要支出。对于很多大学生来说，在大学阶段是没有自己的收入来源的，需要父母提供生活费，但很少有父母会特别提供恋爱专项支出。在谈恋爱后，大学生的支出较之前会多一些，有些同学的生活费可能就会显得紧张，有时候甚至会选择使用网络贷款、信用卡等来支撑自己的花销,这显然是不理智的。

当同学因恋爱产生很大经济压力而感到困扰时,心理委员可以这样做。首先,向同学普及正确的恋爱观。谈恋爱时,同学容易陷入虚荣的陷阱,他们觉得有必要花大价钱来证明自己的实力或者对对方的爱,其实这种观念是不正确的。爱情不应该用金钱来衡量,何况是在没有收入的大学阶段。心理委员可以鼓励同学与恋爱对象就自己的经济压力现状开诚布公地谈一谈。坦诚沟通后,情侣双方也许可以找到一个合适的方案来应对他们在恋爱过程中的开支,在两个人经济能力范围内去计划活动。其次,心理委员可以建议同学尽量选择一些低成本的恋爱活动,例如,去野餐、爬山、海边露营等。这些低成本的活动也可以很浪漫,也可以促进感情的发展。最后,建议中最重要的一点是劝告同学千万不要通过网络贷款、违规申请信用卡等行为来填补自己的财务缺口,这种拆东墙补西墙的行为只会让同学深陷泥潭,很可能还会耽误同学的美好前程。如果同学的经济压力确实很大,心理委员可以建议他在学有余力的情况下选择正规校外实习,这样既能增加自己的社会实践经验,又可以赚到一些钱来支撑自己的开销。

156. 同学因与恋爱对象有学历差距而自卑怎么办?

在中国传统社会的婚恋观中,"门当户对"是择偶过程中的重要因素。随着社会的发展,门厅或阶级的观念逐渐淡化,随之而来的是工作匹配、学历匹配等。很多人会认为,学历差距会带来素质差距、收入差距和三观差距,这些差距在恋爱过程中会造成很多的问题,但事实上,学历标签并不会完全决定一个人的三观、价值和人格。

当同学因为自己和恋爱对象之间有学历差距而感到困扰时，心理委员可以从以下几个方面纾解同学的焦虑。首先，心理委员可以帮助同学意识到，他对于双方学历差距的焦虑和困扰实际上是因为自己在恋爱中缺乏安全感，但这种情绪是正常的。心理委员可以鼓励同学多思考自己的优势和强项，特别是让自己成为一个很好的恋爱对象的特质，比如自己很会倾听、懂得换位思考、很体贴温柔等。心理委员也要帮助同学认识到，他是一个完整的人，学历只是自己的一个部分，并不完全决定自己的价值和能力，自己还有很多其他的长处和优势不是学历可以带来的。其次，心理委员可以帮助同学减少消极的自我对话，改变错误认知。例如，有些同学会认为自己学历不高，和对方没有共同话题，心理委员可以帮助同学认识到这种想法是不合逻辑的，学历不高不代表没有共同话题。再次，心理委员要鼓励同学减少自我否定，要更加积极客观地评价自己。心理委员也可以建议同学，当他感觉到学历差距造成两个人相处的困扰时可以和自己的另一半坦诚沟通，对方的回应可能并不会像同学想的那么糟糕。对方并没有将学历差距当作阻碍两个人在一起的理由，说明对方更看重同学其他的特质和亮点。最后，如果同学还是很难接受两人的学历差距，心理委员可以建议同学提升自己的学历，不仅是为了恋爱，当下社会中高学历也意味着更多的机会，学历提升可能对他个人和职业发展都有好处。

157. 如何帮助失恋的同学走出心理低谷？

当有同学经历失恋的痛苦时，心理委员会很想关心和帮助他们，但是心理委员有时会发现自己的努力并不能让对方的心情好起来，于是开始质疑自己的能力。实际上，心理委员应该明白，当同学经历失恋或其他情感危机时，一般都需要很长一段时间来恢复，即便心理委员的安慰在当下让同学想开一些，同学的情绪和状态也会很快出现反复。并不是心理委员能力不够，只是失恋或情感危机需要同学自己的努力才能好转。当然，心理委员觉得自己帮不到对方感到自己很没用也是正常的。当出现这种情况时，心理委员首先要进行自我关怀和自我照顾。如果对于帮不到同学这件事感到十分焦虑和苦恼，心理委员出于自我关怀的目的，应该暂时休息一下，远离这种无力感的来源，舒缓这种压力。同时，心理委员可以去找心理中心专职教师或者自己的督导老师讨论自己的体验，让老师帮助自己消化这种情绪。对于失恋的同学，心理委员也可以建议他找学校心理中心的心理咨询师做咨询，获得更专业的帮助。

心理委员在平时工作中应该把注意力放到自己可以帮助对方的角度，而不是自己做不到的那些方面。心理委员可以为失恋同学提供很多的支持，包括耐心倾听他的苦恼，跟他积极共情，帮他预约心理咨询等。对于失恋这种需要很长时间才能治愈的痛苦，心理委员也要让同学知道，只要他需要，自己会一直陪伴支持他，而这些都是在帮助同学好转的努力，心理委员应该更加肯定自己的价值。

心理委员在平时工作中要注意识别自己的情绪状态，如果感到无所适从，对自我价值产生怀疑，甚至出现焦虑、抑郁的状态时，心理委员可能正在经历工作倦怠和情感耗竭，这时应停止正在进行的工作，让自己休息一下。心理委员要明白，自己的情绪和状态也十分重要，照顾好自己的情绪也是为了更好地服务和帮助同学。

158. 同学对恋爱对象失去信任怎么办?

在恋爱过程中,很多同学可能会经历另一半欺骗自己的情况。对于亲密关系中的欺骗行为,无论撒谎者的动机好坏,都会导致情侣双方的互相不信任,甚至会导致关系的破裂,而被欺骗的一方会经历更大的情感冲击。

当有同学遇到恋爱对象欺骗自己而寻求心理委员的帮助时,心理委员可以提出以下几点建议来帮助同学。首先,心理委员可以建议同学在和对方对质之前,先处理好自己的情绪,让自己可以冷静理性地和对方沟通。被欺骗后,同学可能会感到愤怒、悲伤等一系列复杂的情绪,而这些情绪会影响同学进行理性思考,很难保持理智。其次,心理委员可以建议同学和他的恋爱对象进行一次深入的谈话,了解事情的真相。心理委员可以引导同学思考,他对感情的要求是什么,思考他的恋爱观,以及他对亲密关系的认识。这些思考都是为了让同学想清楚自己对感情的要求,以及对方的行为是不是已经触碰到自己的底线,自己还能不能接受对方、信任对方。心理委员要鼓励同学,让他直面自己的感受,尊重自己的想法,也要支持同学对这段关系的任何决定。心理委员尽量不要直接给出自己的观点,要尊重同学自己的选择。如果同学并不知道自己要如何选择,可以建议同学暂时和对方分开一段时间,想明白后再做决定。最后,在做决定时,心理委员可以建议同学不要考虑太多,尊重自己当下内心的感受。如果同学选择继续这段关系,心理委员可以建议同学和对方进行一些重建信任的练习。情侣双方也可以约法三章,对欺骗行为进行界定,防止未来再发生这样的事件。如果同学选择离开对方,心理委员可以建议他放弃对对方的幻想,注意自我的情绪关照,选择合适的方式发泄自己的情绪。如果同学觉得很难过,心理委员可以鼓励同学向家人、朋友寻求情感支持,也要让同学知道,如果有需要,自己也可以陪伴他。

四、宿舍类

159. 宿舍成员因作息时间不同产生矛盾怎么办?

　　心理委员应避免先入为主,在全面了解事情前因后果的基础上再采取措施。首先,心理委员可以分别同当事人双方私下沟通,听其倾诉,还原事件的本来面目。对于被打扰的一方可以按照以下流程询问:"他具体怎么打扰到大家作息的呢?""他这么做,大家的不满情绪积攒已久了吧?"对于打扰者可以如此询问:"其实主观上你也不想打扰大家休息,这么做一定有自己的缘由吧?"其次,可以邀请双方进行"三方会谈",在会谈上心理委员客观陈述整个事件,但同时应注意寻求与双方的共情,即对双方的作息诉求及缘由表示理解。最后,邀请当事人双方复述对方的诉求,做到换位思考,共同寻找解决办法,制订一份大家都能接受的寝室作息公约。

　　在整个过程中,心理委员应作为双方沟通的桥梁,促进当事人双方换位思考,有时甚至要挖掘出"打扰者"反常行为背后的深层原因(如失眠、网络成瘾、家庭变故等),并不单单聚焦于作息问题的解决。如果未达成和解,可寻求辅导员介入,考虑更换宿舍等方案。

160. 宿舍成员因宿舍空间狭小产生矛盾怎么办?

郝雨等人指出宿舍兼具私人空间和公共空间双重性质,对异己空间和宿舍话语权的争夺都会导致冲突,这种冲突的解决依赖于宿舍内部的协商与规则的制订。然而,在内部出现公共问题时,宿舍成员很少将它作为一个严肃的话题进行商讨和解决,而且随意性较大。也就是说,大学宿舍缺乏建立公共秩序的自发性,而心理委员从某种角度上说是"公权力"的代表,在处理这个问题时具备天然的优势。因此,当宿舍因空间问题爆发矛盾时,心理委员要将工作的重点放在逐步引导宿舍成员协商并制订规则上,而这往往通过宿舍座谈会的形式开展。

在座谈会中,心理委员的角色定位是"公权力"的代表、座谈会秩序和气氛的维护者。在座谈会开始前,心理委员要告知宿舍全体成员整个座谈过程中要做到不发问、不反驳、不分析、不褒贬,当出现以上情况时心理委员要及时打断,并且自己在整个座谈中不提任何实质性的意见。座谈可以围绕宿舍中存在的问题和公约如何制订开展,宿舍成员轮流发言,座谈结束后全体人员(包括心理委员)作总结发言。

在进行多次这样的座谈后,宿舍成员基本就能习得协商的基本原则,心理委员可将主持会谈的工作移交给宿舍长,将宿舍问题交由宿舍内部处理。

161. 宿舍内出现小团体怎么办?

我们应辩证地看待宿舍小团体的存在。宿舍小团体并非全是坏处,小团体能够满足成员的精神需要,为学生提供承担多种角色的机会,锻炼人际交往能力,是协调个人与个人、个人与集体之间纠纷和矛盾的有效方法。小团体成员之间的促进作用在一定程度上推动了个人和集体的进步。

假如这种小团体并未导致宿舍内孤立与矛盾的发生,心理委员可以不加干预。对于严重影响宿舍和谐与团结的小团体,心理委员可以从微观和宏观两方面着手。在微观方面,小团体大多有一个"灵魂人物",由他主导着该小团体的日常活动。心理委员可以先"攻克"该"灵魂人物",引导该"灵魂人物"逐渐接纳团体外成员,邀请他们参与该团体的活动。在宏观方面,小团体的形成有着一定的心理学因素。大学伊始,个体忽然进入一个陌生的环境,安全感的缺失促使某些个体结合成了小团体。小团体可以说是一种防御方式。因此,良好的宿舍关系必须从大一就开始着手营建。开学之初,心理委员可以组织宿舍开展"破冰行动",做一些小游戏,如"连环自我介绍",主要使用强制记忆的方式加深成员之间的认识。之后可定期进行类似的小游戏,在每次活动开始前回忆上次活动的情况,活动结束后要进行总结。

162. 宿舍成员因学习和生活目标不同矛盾横生怎么办?

针对这类问题,心理委员首先要搞明白这些矛盾究竟是什么。

如果是因为有的同学想在宿舍学习而其他同学想娱乐休闲引发的作息冲突,心理委员工作的重心应在前者,因为宿舍是休息的场所,应首先服务于团体的休闲娱乐。对于想在宿舍学习的同学,心理委员第一步要做到耐心倾听和共情。同学倾诉的内容可能不限于宿舍矛盾，可能还包括学习压力和家庭矛盾等，这些可能是导致当前宿舍矛盾的潜在原因，对于这些问题和情绪心理委员后续可做进一步处理。在其倾诉结束之后，心理委员可引导该同学从舍友的角度思考问题，体会他们的诉求，并委婉告知宿舍首先服务于大家的休息娱乐，本身并不适合学习，在宿舍学习可能还会引发其他同学的反感甚至敌意，在教室和图书馆学习效率更高。在征得当事人同意后，心理委员可以充当传话筒，向其舍友传递其歉意，表示以后会协调好学习与生活，尊重大家的作息习惯。

如果是因为学习理念不同而导致被宿舍同学孤立，被孤立者往往是"想好好学习充实每一天"的一方，因为宿舍的其他成员更可能因为各种各样的兴趣活动玩到一起。这种孤立与抱团往往成为宿舍矛盾的催化剂，一件小事也可能引起不满与争吵。心理委员应引导双方进行沟通与理解，允许宿舍中这种差异的存在，但大家要订立并遵守基本的宿舍公约。公约中除了要包括上文提到的学习场所问题外，还应包括作息时间、卫生值日、物品摆放和私人物品勿动等内容。

163. 宿舍成员之间产生矛盾后缺乏交流怎么办？

对于宿舍成员来说，心理委员本身就是一架沟通的桥梁。宿舍成员坦率交流的前提是宿舍要有开放包容的氛围，这种氛围的营造不是一蹴而就的，需要好好利用开学之初同学间的"客气"心理，在心理委员或者辅导员的引导下，种下及时沟通的种子。例如，心理委员可以用匿名小纸条的方式收集宿舍存在的问题，在心理委员的主持下宿舍成员每次就一个话题展开讨论。每次讨论之前心理委员要向宿舍成员重申讨论的原则：不允许打断别人的发言；允许说出自己的看法，不允许反驳；不允许出现"对"与"不对"这样的字眼。讨论结束之后由心理委员总结大家的意见，下次讨论之前询问本次问题的解决情况，促使宿舍成员将尊重公共秩序和平等沟通慢慢养成一种习惯。在召开多次这样的讨论之后，心理委员可以将主持工作移交给宿舍长，让其负责解决宿舍矛盾。

164. 心理委员在改善宿舍人际关系方面可以做些什么？

王青等人的研究表明，大学生宿舍人际关系在相处之初质量最高，以后随着时间的推移矛盾逐渐增多，质量下降，并提出基于沟通理论的小组干预工作的重点在于公共秩序、宿舍包容度和沟通状况。这对心理委员的工作有如下启示：对宿舍人际关系的干预越早越好；未雨绸缪优于亡羊补牢；良好的宿舍人际关系需要维护。具体操作如下：

（1）开展"破冰行动"。"破冰行动"的作用是增进了解，消除不切实际的期待与偏见。如前文提到的"连环自我介绍"游戏，可以在开学之初促进宿舍成员间的了解。

（2）构建宿舍公共秩序。开学之初，宿舍成员间的人际关系质量较高，对公共秩序的尊重也较高，彼此间也比较客气和谦让，但这也让宿舍公共秩序的建立显得比较困难——宿舍成员不好意思破坏这表面"其乐融融"的氛围。心理委员可以借机召开宿舍茶话会，采用开放式的提问，例如"可以促进宿舍关系的行为有哪些?""自己讨厌的行为有哪些?"心理委员做好记录并汇集整理为宿舍公约。对于宿舍公约,成员要坚定执行,制订清晰的赏罚制度。对于高年级宿舍,还可以进行情景模拟,由心理委员与当事人一起还原矛盾情景,再组织讨论。

(3)提高宿舍包容度。让宿舍成员说出自己与另一位成员间的生活习惯差异并提供自己的解释,下一位宿舍成员要复述上一位成员的发言并提供自己的看法。每一位宿舍成员与别人的差异都要谈到,以此提高宿舍成员间的换位思考和共情能力。

(4)提高沟通水平。宿舍成员间的沟通意愿和水平取决于"公共秩序"和"宿舍包容度"的实现程度。心理委员可以在此基础上教授同学一些沟通和共情技巧,如内容反应技术、情感反应技术和参与性概括技术。

165. 心理委员不好意思介入宿舍问题怎么办?

针对这个问题,心理委员首先要对心理委员这个身份形成正确的认识,明确心理委员这项工作的定位与职责,即心理健康知识的普及者、心理活动的组织者、心理动态信息的收集者、心理危机干预的协助者、心理问题学生的陪伴者,同学对于心理委员的干预总体态度还是很积极的。其次,心理委员要学习和掌握一些基础的倾听技巧,创设有利的倾听环境,把握讲话节奏,对对方的谈话表现出兴趣,运用肢体语言,如点头等及时给予反馈。再次,可以通过做游戏的方式进行干预。游戏氛围相对融洽,参与度高,也在一定程度上避免了尴尬。最后,心理委员在日常生活中要同宿舍成员保持良好融洽的关系,定时接触,掌握宿舍动态信息。

166. 宿舍成员不讲卫生怎么办?

个人卫生习惯是在日常生活中逐渐形成的,幼时的及时纠正、父母的教育、同伴的榜样作用都极其重要。按照弗洛伊德的观点,个人邋遢可能与幼时肛欲期的欲望未能满足有关。要想立刻改变该宿舍成员不讲卫生的习惯是不现实的,但可以采取一些引导性措施。首先,心理委员可以引导宿舍制订卫生值日表。制订过程需要所有成员参与,重点关注当事人的意见。具体操作可以是请每一位宿舍成员写下几条建议,让当事人多写一些(保密处理),增加当事人的参与感以及对宿舍这个公共空间的责任感。其次,心理委员和宿舍其余成员进行会谈,向其陈述班杜拉的社会学习理论,即模仿。告知他们讲卫生的好习惯能在一定程度上带动当事人,所以平常要整理好自己的内务,形成示范作用。再次,心理委员要与当事人进行交流,增强其换位思考能力,表达宿舍其他成员的诉求,同时表明不要求当事人做到像其他人一样整洁,只要不影响他人即可。最后,可以模仿中小学,设立"卫生模范宿舍流动红旗",每月进行一次评比,评委由整栋宿舍楼的心理委员组成。这样可以唤起宿舍成员的集体荣誉感,增强自身责任感和宿舍凝聚力。

167. 宿舍成员长期在别人宿舍居住怎么办?

心理委员首先要向当事人了解长期在别人宿舍居住的原因,是与原宿舍成员出现矛盾以至于关系破裂,还是生活习惯和作息差异太大？对于前者，心理委员可以参考本书第 164 问进行疏解；对于后者，可以参考问题本书第 159 问的处理方式。之后，可以与当事人关于一些话题做进一步的交流，如长期住在别人宿舍的好处与风险（与原宿舍成员关系恶化，可能对当前宿舍的成员造成影响），这样做是否违反学校的规章制度。心理委员在沟通过程中尽量做到中立，不掺杂个人价值判断，避免说教。心理委员需要注意，假如当事人与原宿舍成员关系极其恶劣，在别人宿舍寄宿又不违反学校规章制度且调整宿舍比较麻烦，新宿舍成员也乐意接受新成员，这种借宿行为不失为一种处理宿舍矛盾的好方法，无须干预。

168. 宿舍成员和恋爱对象打电话喜欢外放声音怎么办？

舍友和恋爱对象打电话声音外放可能存在多种原因，如不习惯戴耳机、没有公共空间意识、炫耀心理等。心理委员可以采用认知矫正的方法对其进行干预，提问提纲如下：

"假如要求你打电话的时候必须佩戴耳机或者打完电话再回宿舍，你心里会怎么想，或者你的感受是什么？"

"你的意思是你感觉……有什么证据可以支持你这个想法吗？"

"你觉得起到了你想要的效果了吗？"

"这样做有没有什么潜在的危害，如果发生了你该怎样应对？"

"假如某位同学获得了奖学金天天在你面前炫耀，你会怎么想？"

"有没有其他的方式可以起到这个效果？"

"你有什么措施能够修复你和舍友的关系吗？"

交流结束后心理委员可以与同学一起对今天的谈话进行总结,并在下次谈话前回顾上次商谈的措施是否得到执行以及执行的效果如何。在两次会谈期间,心理委员亦可同宿舍其他成员沟通,表明该同学愿意努力去改善宿舍人际关系,希望大家能多一些包容,为他的行为增加正强化。

169. 宿舍成员因地域背景不同而矛盾重重怎么办?

心理委员可以通过举办"宿舍文化节之'一样的童年,不一样的童年'"活动,增进来自不同地域、不同背景的舍友之间的了解,同时还能促进宿舍与宿舍之间的交流。社会心理学相关理论认为,偏见或者歧视的原因之一是彼此间的不了解,这种不了解可以通过团队合作大大改善。在这项活动中,每位宿舍成员可以通过食物、手工、绘画等方式展示自己的童年,并配上文字、视频或者口述等讲解方式。宿舍内部参赛作品不能重合,每间宿舍推选出1~2个作品参与宿舍间的评比,优秀作品可以在宿舍公共空间(如走廊墙壁、宿舍楼门口)展示。

如果条件有限,亦可在心理委员的统筹下,委托某宿舍成员组织宿舍茶话会,共同分享自己的童年或家乡风俗,会后各宿舍提交一份文字和视频记录。

170. 心理委员应如何提高宿舍凝聚力?

针对提高宿舍凝聚力这个问题,以下活动可供心理委员参考。

（1）实行宿舍改造计划。温暖轻松的色调、整洁有序的布局、恰到好处的文字和图画对于形成温馨融洽的宿舍氛围是非常有效的，而这种氛围能对宿舍关系产生潜移默化的影响。宿舍楼内的心理委员可以联合起来组织宿舍改造大赛，主题要突出创意、温馨，要求全员参与。赛前明确改造费用的上限，避免出现奢侈攀比之风，背离提高宿舍凝聚力的初衷。比赛时要附上宿舍成员贡献记录表。可以设置最佳创意奖、最佳性价比奖、最佳空间利用奖、最佳搞怪奖等奖项，不建议设置个人奖项。这样不但可以增加宿舍的团队合作经验，还为空间利用等问题提供了解决模板。

（2）举行宿舍短视频大赛。短视频内容需要全员出境，明确时长限制，题材和背景不做要求，可以是歌舞、搞笑、短剧，亦可以是聚餐、上课和出游的记录。比赛时同样要提交成员贡献记录表。可以设置最创意、最温馨、最励志、最搞怪等奖项。

（3）举行宿舍取名大赛。这应该是一个最有趣、成本也最小的活动。宿舍内部全体成员都要参与，最后推选出一个宿舍名参与宿舍间的评比。

171. 宿舍成员因对空调温度需求不一致导致冲突怎么办？

造成这一冲突的原因主要有两个：一是每个人对于温度的感知不同；二是宿舍空间设计造成的床铺与空调的距离不同。这类冲突一般发生在夏季。夏季气候闷热，加之期末考试、毕业、升学也集中在这段时间，同学的心情容易烦躁，矛盾爆发的概率大大增加。心理委员的任务就是促进宿舍成员的换位思考，增进理解，以

下方法可供参考:

(1)暂时更换床铺。心理委员可以让当事人暂时交换床铺,体验因距离空调远近造成的温度差异。如果双方觉得交换后的温度更适合自己,可以在上报辅导员后更换床铺位置。

(2)提升协商与共情能力。如果宿舍作为一个整体缺乏沟通的自主性,心理委员要在宿舍种下学会沟通的种子。一味说教无助于问题的解决,心理委员可以采用苏格拉底式的提问逐步引导当事人双方理性看待问题。例如:你们只是因为空调温度才争吵的吗? 你的假设是对方是个很自私的人,对吗? 你能否举一些其他的例子证明对方的自私? 对方与你争吵还有没有其他原因(可以向考试焦虑等方面引导)? 如果再单纯觉得对方是一个自私的人会对你们的关系造成什么影响? 等等。

172. 同学总是未经宿舍成员同意就使用他人物品怎么办?

这个问题的本质是边界意识的缺失,即某些同学意识不到自我与他人生活领域的界限在哪里。这种缺失与自身过去的经历有很大关系,如小时候因为条件限制无法拥有一间自己的房间、父母过分干涉自己的学习和生活、同学间偷看日记等。在这种环境下长大的个体对于自我与他人的边界感的认知是很模糊的。当冲突出现时,宿舍成员碍于面子又不肯当面指出,长此以往矛盾就会越积越深。心理委员要做的就是帮助该同学甚至整个宿舍建立起边界意识。例如:可以建议宿舍成员在私密物品(如牙膏牙刷、晾衣架)上标注"仅供私人使用"的标记;或者开展宿舍小课堂,讲解牙刷牙膏混用的危害;或者进行角色扮演训练,由"边界意识缺乏者"扮演"受害人",在模拟情境中切身感受处理好自身与他人边界的重要性。活动结束后,宿舍全体成员都要提交感悟和总结。

173. 宿舍成员不愿均摊公共消耗品的费用怎么办?

针对这个问题,心理委员要分别同双方私下谈话,了解事件全貌。舍友不愿分摊费用可能存在以下原因。一是均摊费用不公平。当代认知心理学理论认为,人的想法决定人的行为和情感,宿舍成员对费用分摊的认知不同可能是导致这种类型冲突的原因。有些同学性格直率豪爽,追求高效,对于费用公摊问题不喜欢斤斤计较;有些同学则相反,心思细腻,追求公平,认为"多使用,多付出"。两种价值观没有对错之分,心理委员要做的就是促进双方的理解,提升宿舍整体的共情能力,协商出解决之法。协商时可以参考本书第 160 问中提出的座谈会形式,心理委员保持中立,充当"公权力"的代表,由宿舍成员自己商讨并制订合理的费用分摊办法。二是宿舍存在孤立问题。解决方法参考本书第 188 问。三是家庭经济困难。这类同学心思细腻敏感,为了节省开支,生活往往很朴素,因此会有"均摊费用不公平"这样一种认知。对于这类同学就不适合采取座谈会的方式,因为将其不愿公摊费用的原因公之于众是很不妥的。心理委员可以与其他宿舍成员私下沟通,言明情况,在全体一致的情况下大家可以适量承担当事人的部分费用;对于当事人,心理委员可以在共情的基础上引导其认识到权利与义务是不可分割的,勇敢面对自己的责任才能保持人格的独立性,并表示如果需要,可以帮助他向学校申请生活补贴。

174. 宿友浑浑噩噩并故意干扰他人考研怎么办?

该同学的行为源于内心深处的焦虑。他对于未来没有清晰的规划,日常通过上网、追剧、睡觉等方式暂时回避现实问题。当他看到其他同学紧锣密鼓为考研做准备时,被压抑的焦虑情绪开始外化。他干扰同学复习的行为在一定程度上可以视为一种心理防御。对于此类问题,心理委员要从干扰者人和被干扰者两方面入手,并且将工作的重点放在前者身上。

对于当事人,心理委员首先要认真倾听,安抚好被干扰者的情绪。尤其是在考研的中后期,要同时应付学业、考试、实习、毕业论文、宿舍关系,压力非常大,严重者情绪可能处于崩溃的边缘。心理委员可以向被干扰者表示自己会密切关注干扰者的情况,如果协商未果,自己会向学院和辅导员寻求帮助。

对于干扰者,心理委员切勿直接进行说教,而要聚焦于其行为背后的深层原因。心理委员可以用"听舍友说你最近很焦虑,是因为马上要毕业了吗? 能和我说一说吗"这样的句子开场。心理委员在倾听的过程中要及时反馈,合理运用一些参与性会谈技巧。会谈的话题可以是学业情况、未来规划、就业、人际关系等。这些问题的解决有助于从根本上消除他的焦虑情绪,防御行为随之也就自然消失了。

175. 宿舍成员随意带人回宿舍过夜引发矛盾怎么办?

当宿舍矛盾刚出现时,及时沟通往往能将矛盾扼杀在摇篮里。

如在舍友第一次带外人留宿后,宿舍成员可以私下同他沟通:"昨晚在我们宿舍借宿的是你的好朋友吗? 他是因为忘带钥匙才在我们宿舍住一晚的吧? 宿舍是一个公共空间,大家的意见是这关系到宿舍安全,也是违反学校规定的,突然出现一个陌生人也会影响到大家的休息,希望以后还是不要随意留外人住宿,至少事前同大家沟通一下嘛。"

当这种情况出现时宿舍成员往往集体保持沉默,谁也不肯当"出头鸟",结果是矛盾越积越深,导致出现小团体和孤立现象。针对这种现象,心理委员可以充分调动宿舍长的主动性,建立心理委员—宿舍长联动机制。心理委员委托宿舍长在寝室"集体沉默"出现时要积极同自己联系,在商定解决办法后积极同当事人沟通,充当扎破"集体沉默"的一根针,在宿舍矛盾处于萌芽状态时将其消除。

176. 宿舍成员情绪易失控且随意迁怒他人怎么办?

针对该舍友,心理委员可以教授一些情绪管理技巧和放松训练技术。以下情绪管理方法可供参考。一是认识自己的情绪。可以问自己的情绪是什么,为什么会这样。例如,当自己遭遇挂科时,内心的感受是失望还是伤心? 失望是否是因为结果配不上自己的付出? 二是寻找替代性的解释或者解决办法。例如,挂科是否是因为当天身体不舒服或者学习方法有待完善? 或者将注意力转移到自己擅长的科目上去。三是合理宣泄情绪。具体的方式包括跑步、听音乐、向舍友或者心理委员寻求帮助等。四是进行放松训练。如呼吸放松、想象放松、肌肉放松等。

另外,心理委员还需注意该宿舍的人际关系。这种将情绪迁怒于他人的行为是否源自宿舍矛盾？或者是因为宿舍成员缺乏必要的共情能力和倾听技巧？对于前者,心理委员需要进一步澄清这种矛盾是什么;对于后者,心理委员可以开设聆听和共情技巧普及课堂。每次课可以就一种情景进行讨论和角色扮演训练,结束后邀请宿舍成员写感悟总结,下次课堂开始前邀请一位成员分享。

177. 宿舍成员打呼噜影响他人休息怎么办?

打呼噜影响他人休息这种宿舍矛盾比较特殊,一方面当事人会觉得很委屈或者愧疚,因为这种行为并非有意为之且不可控,另一方面宿舍其他成员确实深受其扰。双方皆认为自己是受害者,不满情绪愈积愈深。心理委员可以主持召开宿舍茶话会,围绕"宿舍休息问题"和"双方敌对情绪的处理"展开讨论。

以下几种解决方法可供心理委员在讨论第一个话题时进行补充:一是双方错开半个小时入睡;二是宿舍其他成员佩戴耳塞或者听轻音乐入睡;三是打呼噜当事人调整睡姿,睡前尽量避免剧烈运动;四是言明打呼噜可能有窒息的危险,建议同学去医院做系统检查。在讨论过程中心理委员要保持中立,非必要不提供建议,由宿舍成员自身提出建议能更好地执行。讨论过程中要做到不表扬、不反驳、不批评,要注意讨论方案的可行性。

此外,双方的敌对情绪可能并非来自打呼噜本身。宿舍其他成员的敌对情绪可能来自当事人对此事的态度,而当事人的敌对情绪可能来自其他人的当面指责。心理委员要促进双方的沟通与理解,避免无效的指责与反驳,可以使用以下话语引导双方:"×××(当事人),当你被当面指责的时候你是什么感受?"之后对其他成员进行相同的提问。接着引导思考"大家在被指责的时候第一反应都是防御与回击,在这种情况下解决问题就成了空谈,有没有另外的沟通方法呢?"事后邀请大家提交总结感悟。

大家还可以就"更换宿舍"这个问题进行讨论,包括这样做会对被"驱逐"的同学造成什么伤害等。

178. 同学传染病痊愈后被舍友排挤和冷落怎么办?

合理情绪疗法认为人的情绪来自人对所遭遇的事情的信念、评价、解释或哲学观点,而非来自事情本身。情绪和行为受制于认知,认知是人心理活动的关键,调整好了认知,情绪和行为的困扰就会在很大程度上得到改善。该同学在痊愈后还被舍友排挤,原因可能是舍友存在负性的自动思维,这种负性思维严重干扰了宿舍成员的情绪和行为。心理委员可以按照以下步骤对其进行识别和矫正。

第一步,识别自动思维。心理委员可以通过以下提问识别舍友们的自动思维:"该同学和你们在一起时你们有什么感受?""你们当时在想什么?"针对此情形,舍友们的自动思维很可能为"即使他痊愈了,仍然会传染疾病"或者"她每次出现都会让我们感到恐慌"。对于后者,心理委员可将该案例转介给学校心理中心进行系统脱敏训练;对于前者可继续以下操作。

第二步,评价自动思维。心理委员可以采用苏格拉底式的提问:"你能列举一些支持或反对你这个想法的证据吗?""你在多大程度上相信这个观点?""如果坚持这个观点,你觉得可能对他或者整个宿舍造成什么影响?"在评价过程中还可以结合角色扮演训练,由舍友扮演该同学,切身体验当事人的处境和内心矛盾。

第三步,形成新的合理信念。可以按照如下方式提问:"这种传染病康复后真的会传染吗? 如果会,你能给出一些证据吗?"

除了以上合理情绪疗法外,心理委员还可以采用心理情景剧技术,邀请整个宿舍参与。

179. 舍友早上不关闹钟引发宿舍矛盾怎么办?

这种牵涉整个宿舍的矛盾冲突适合以茶话会的形式解决。由心理委员主持的茶话会可以看作一种团体心理辅导形式。就这个问题,心理委员可以按照以下流程操作。

第一步,促进双方换位思考。对于当事人,心理委员可以这样问:"你觉得每天早上设置多个闹钟会对舍友们造成什么影响?"对宿舍其他成员,心理委员可以这样问:"你们觉得他为什么要设置这么多闹钟呢?"注意,心理委员更像是双方沟通的传音筒,本身要保持中立。

第二步,共同商讨解决办法。对于当事人,心理委员可以问:"我知道你这样做是害怕早上起不来,害怕迟到,有没有其他的方式提醒自己起床呢?"对于宿舍其他成员心理委员可以问:"你们有什么办法可以在改善大家休息环境的同时还能解决这个问题吗?"

以下方法可供心理委员进行补充:当事人最多设置两个闹钟,前后相隔20分钟,如果当事人未起床,可以由宿舍其他成员进行提醒。另外,如果有必要,还可以将当事人转介给学校心理中心接受系统脱敏训练。

180. 宿舍成员请同学带饭却经常不给钱怎么办？

　　舍友忘记给钱可能存在多种原因，可能是有拖延习惯，事后忘记给，也可能是消费理念有差异，觉得这点"小钱"没必要还。无论是前者还是后者，如果当事人当面讨要都会造成尴尬。尤其是对于后者，该舍友更是会觉得当事人斤斤计较，这点"小钱"也值得大动干戈，不值得"深交"，两人的关系可能从此破裂。因此，在处理此类问题时不宜让双方同时在场，心理委员可以分别同双方私下交谈。

　　心理委员首先要搞清楚该舍友不给钱的原因。可以用"你和×××（当事人）的关系挺好的，你觉得他是怎样的一个人？"这样的句子展开交谈。该舍友的回答大概率是正面的，或者至少一部分是正面的，心理委员可以在此基础上引出帮忙带饭这个话题。"嗯，可以看得出他是个很热心的人，他也经常帮我的忙。但最近他有点不开心，我了解后才知道他最近生活费很紧张，可能因为有的时候咱忘记把钱给人家了，能告诉我原因吗？"

　　如果是因为拖延而忘记给钱，心理委员可以做如下回答："嗯，你是说自己有拖延症，时间一长就给忘了，对吗？ ×××每个月的生活费也是有限的，这几天日子过得苦兮兮的，咱每次让人家带完饭记着点儿呗，毕竟时间一长这样也有损你们两个人的关系。"如果是因为消费理念的差异造成的，心理委员需要重建该舍友的认知，让其认识到这种差异的存在："你认为这些都是小钱，同学间没有必要分得太清，对吗？ 那你觉得他为什么会形成'分得太清'这样的习惯呢？"心理委员接下来要耐心倾听，与之共情，假如该舍友未提及家庭经济情况和消费理念差异,心理委员最后可以自己提出:"会不会是因为×××家庭经济情况一般,所以不得不对生活费精打细算呢?"在该舍友认识到这种差异后,心理委员要引导他总结出现这种差异的原因,并讨论今后该如何做。

181. 两个宿舍成员因喜欢同一个人而反目成仇怎么办?

心理委员在处理这类问题时要十分谨慎,因其极易爆发冲突,甚至出现伤人行为。在介入问题之前要深入调研,与双方共同的同学、舍友交谈,收集信息,评估两人交恶的程度。如若两人到了水火不容的程度,建议转介给辅导员或者学校心理中心的老师处理。

心理委员首先可以分别同双方私下约谈。建议约谈提纲如下:

"请你认真思考一下,你真的喜欢这个女生吗?"

"能列举一些她吸引你的地方吗? 越具体越好。"

"有没有一种可能,你喜欢这个女生的部分原因在于与舍友的竞争? 抑或是单纯因为孤独?"

"你觉得这会对你和舍友之间的关系造成什么影响?"

"你是怎么看待两者之间的取舍的?"

谈话最后,心理委员可以试着提出能否接受三人会谈。会谈的目标是制订一些在追求该女生时双方必须遵守的规范,如公平竞争,禁止诋毁、恐吓和威胁对方,尘埃落定时禁止破坏对方恋情。会谈时不许谩骂、攻击对方,不能打断对方发言。会谈结束后将规范书面化并要求双方签字,以增加约束力。心理委员要做到对谈话内容和签字绝对保密。另外,心理委员要持续关注事态发展,做好善后工作。

182. 宿舍成员高调炫富且嘲讽他人怎么办？

针对高调炫富且嘲讽他人这种情况，以下活动可供心理委员参考：一是举办"消费主义还是勤俭节约"主题辩论赛；二是举行"树立正确的消费观"主题征文比赛；三是举行高性价比商店、商品、网站分享会；四是举行"名牌一定就好吗——品牌效应"主题讲座。

另外，心理委员还可以配合使用心理情景剧技术。心理情景剧的主题、角色、剧本原应由小组讨论自行决定，但考虑到该舍友很可能认为自己的行为并无不当，因此心理委员可以事先同宿舍其他成员商讨大概的主题范围和角色分配。此外，心理委员还要教授给同学一些基本的情景剧技术，包括角色扮演、角色互换、束绳、独白等。例如，可以采用角色互换技术还原舍友日常炫富时的情景，但重点要放在宿舍其他成员的内心刻画上，最后双方互换角色。在演出结束后的分享阶段，心理委员要注意营造真诚融洽的气氛，鼓励大家表达在充当"炫富者"和"被炫富者"后的感受，并要求事后形成文字提交给心理委员。

183. 宿舍成员喜欢背后议论别人怎么办？

心理情景剧技术尤其适合解决这类问题。心理委员可以邀请整个宿舍成员以"诽谤、中伤、背后议论别人"为蓝本创作情景剧。

心理委员要保证情景剧创作的完整性,包括暖身、演出和分享几个阶段。尤其是在分享阶段,心理委员要创造包容接纳的氛围,鼓励大家分享自己的感悟。

另外,背后议论别人是大部分人不喜欢的,但碍于情面不好当面反驳。心理委员可以利用这一共同心理,与其余宿舍成员进行会谈,讲解行为主义中的强化与消退原理,即尽管自身并未参与讨论,但倾听与关注对于该舍友背后议论别人的行为也是一种强有力的强化物。宿舍其他成员要漠视他的这种行为,促使其逐渐消失。

对于该舍友,心理委员要关注他这种行为背后的动机,是寻求关注,还是间接地表达攻击?心理委员可以对其表达心理关怀,或者教给他一些正确表达情绪和寻求帮助的方法。

184. 宿舍成员因挂科而被他人看不起怎么办?

心理委员要关注的问题有两个:该同学挂科后的情绪和该宿舍的人际关系。

挂科后个体容易出现意志消沉、情绪低落、羞愧、焦虑、抑郁等情绪,属于发展性心理问题。这类心理问题持续性较短,症状较轻微,对生活的影响较小,但也可能转化为障碍性心理问题,出现自伤等情况。心理委员首先要引导当事人宣泄其情绪,运用重复、内容反应、情感反应等技术积极倾听与共情。待当事人情绪稳定后心理委员再对他进行评估,考虑是否进行转介。在无须转介的情况下,心理委员可采用苏格拉底式提问,帮助当事人寻找挂科的原因和相应的解决办法。例如:你觉得挂科是因为自己太笨,有什么证据能支持你的这个想法吗？除了自己太笨，挂科还有没有其他原因？有什么方法可以提高这一科的成绩？这个方法多大程度上可行？

出现这个问题，说明这个宿舍的成员之间缺乏温情与共情，甚至可能存在敌对情绪，或者整个宿舍唯成绩论，以学习好坏作为评价一个人的唯一标准。心理委员可召集宿舍其余成员会谈，这里心理委员无须说教，下列提纲自然能将他们代入共情的语境。

"最近×××同学情绪很低落，你们知道是什么原因吗？"

"你们知道他这次为什么挂科吗？是他太笨了，还是学习方法不对，抑或是对这门课程不感兴趣？"

"有什么办法可以让他好起来，或者帮他顺利通过补考？"

"你们对挂科怎么看？"

"以成绩作为评判一个人的唯一标准会导致什么后果？"

会谈后由心理委员进行总结并要求成员提交感悟。

185. 在举办跨宿舍活动时如何让两个宿舍迅速熟络起来？

让两个宿舍迅速熟络起来，以下方法可供参考。

（1）对参加活动的宿舍进行合理匹配。匹配宿舍时应遵循空间便利、时间便利和专业相近的原则，即匹配到的两个宿舍最好位于同一楼层或者同一宿舍楼，课程的时间安排近似，专业有关联。

（2）对举行的活动进行甄选。举办的活动应具有一定的趣味性、竞技性，要求团队合作完成，每个成员都有贡献。

（3）合理安排时间。活动报名与正式举办时间至少间隔两周,给予两个宿舍充分准备和互相了解的时间。

活动开始之前还可以进行一些暖身活动,如前文提到的"连环自我介绍"游戏。另外,匹配到的宿舍可能还存在人数不均的问题,甚至可能存在 1 人宿舍匹配到 8 人宿舍的情况。在这种情况下,人数少的宿舍很难融入活动,甚至会中途退出。这时候心理委员可以直接同人数较多的宿舍沟通,表明对方宿舍只有一个人,难免感到拘束,希望在活动中该宿舍可以主动一点,最后的成绩考核也要参考每个人的贡献。此外,建议每次商讨不一定都要在人数多的宿舍进行,可以在两个宿舍轮流开展。

186. 同学喜欢在宿舍吃味道很大的食物怎么办?

这种矛盾经过沟通一般都能够得到解决,但大学宿舍成员往往缺乏主动解决问题和沟通交流的意识,宿舍人际关系一旦产生裂缝就很难弥补,当双方耐心消磨殆尽时,积怨就会彻底爆发。因此,对于此类矛盾应做到早发现、早处理。首先,当矛盾出现时,可由宿舍长上报心理委员,心理委员第一步要解决矛盾本身,充当双方交流的媒介,主动同双方私下约谈。其次,心理委员可开展班级主题活动,共同学习一些基本的沟通和倾听技巧。例如,在否定别人之前先对对方做出肯定:"你这么喜欢吃螺蛳粉呀,我也想买一些,但不知道哪个牌子比较好,你有什么推荐的吗?"之后可以说:"但螺蛳粉的味道的确很大,我喜欢吃但不喜欢闻。咱下次吃的时候介意开一下窗户吗? 或者去食堂吃也行。"最后,如果该舍友态度依然强硬,心理委员可以召开宿舍茶话会。茶话会上极易出现多人围攻该舍友的情况,甚至出现肢体冲突,因此心理委员要在会前多次强调茶话会的原则,即不批评、不表扬、不分析。另外,在座位安排上心理委员也可以适当靠近当事人,一方面可以为当事人这个"少数群体"提供心理支持,另一方面也方便制止冲突。

187. 宿舍成员不尊重他人隐私怎么办?

心理委员首先需要搞清楚该舍友侵犯他人隐私的原因,可与其私下沟通。可能的原因有:缺乏边界感,过度敏感(别人在背后说自己坏话),缺乏安全感。以上三者均与个人的成长经历密切相关,如在支配型家庭中强势的父母支配掌管一切,不允许孩子拥有私人空间和自主权,该舍友的自我概念是与整个家庭混在一起的,没有发展出完整的边界感与支配感。心理委员切记沟通的目的不是"矫正",而是"促其成长"——帮助该舍友发展出边界意识。因此,在沟通过程中,心理委员要尽可能少地批评与建议,尽可能多地包容与接纳,逐步引导其发展出完整的边界意识。鸡蛋从外部打破是食物,从内部打破是生命。针对不同的原因,心理委员可以采用不同的技术,如单纯缺乏边界感可以使用心理情景剧技术,过度敏感和缺乏安全感可以采用苏格拉底式提问或认知行为技术,增强其检验事实的能力。

此外,心理委员还要关注被侵犯隐私同学的心理健康和宿舍关系的修复问题。心理委员一方面要鼓励该舍友勇敢面对过错,积极承认错误;另一方面要增强宿舍成员间的理解与包容,要向宿舍其他成员表明该舍友边界意识的形成离不开大家的共同努力。

188. 同学因兴趣爱好与宿舍其他人不同而被孤立怎么办?

心理委员首先要跳出这个问题的视角,客观看待宿舍是否真的存在孤立问题。诚然,大学生将近三分之一的时间都在宿舍度过,某些成员更容易因为兴趣爱好一致关系更亲密。但当兴趣爱好不同时,当事人开始可能将"无法融入"解读为孤立,这种解读无形中影响着与舍友的相处模式,不良的相处模式导致宿舍关系出现裂痕,从而验证了"孤立"这种解释,形成恶性循环。心理委员首先要矫正当事人这种错误的观念——无法融入就是被孤立,要让其认识到世界的差异性和丰富性。其次,人与人之间虽千差万别,但总有共同点,尤其是同性之间,心理委员可以运用头脑风暴的方法尽可能多地挖掘当事人的兴趣爱好,并寻找与其他人兴趣的重合点。再次,心理委员还需要关注当事人的心理健康水平与生活作息情况,表明如果有需要,自己会随时提供帮助。最后,鼓励宿舍成员努力营造融洽良好的宿舍氛围,增强宿舍凝聚力。

189. 宿舍成员经常因讨论社会热点问题而争吵怎么办?

在宿舍讨论这些话题说明宿舍气氛整体还是很开放融洽的,宿舍成员有自己独立的思想和见解且乐于分享。"经常"说明即使在讨论过程中爆发了争吵,但并没有影响大家的分享热情,心理委员在工作中突出强化这一点非常有利于问题的解决。

宿舍爆发争吵的原因在于每次的讨论都处于一种无序状态，在这个问题中每位宿舍成员都是"当事人"，因此适合以寝室茶话会的方式加以解决。茶话会由心理委员主持，整个过程心理委员要注意维持纪律，促进形成包容接纳的气氛。有序的茶话会对于宿舍来说本身就是一种模仿的范本。在茶会话中，心理委员要引导宿舍成员思考以下几个问题：

"哪些话题不适合公开讨论？"

"每次讨论的目的是什么？"

"讨论的流程是什么？"

"讨论社会热点时每位成员需要遵守哪些原则？"

"必要时由谁维持秩序或中止讨论？"

心理委员可以在茶话会结束后进行总结，形成具体的条例。

190. 同学总是洗漱时间太长导致舍友无热水可用怎么办？

热水与寝室空间、卫生用品、电费一样属于公共消耗品，极易因分配不公爆发冲突。有些成员觉得公共资源应该平均分配，而另外一些成员觉得自己情况特殊，应该"多占"或"少分担"。认知心理学相关理论认为，人的想法决定人的行为，心理委员首先要搞清楚该舍友洗漱时间过长的原因。该矛盾不适合开会解决，因为在寝室会议上矛盾双方极易爆发争吵，而且该舍友很可能觉得在大庭广众之下被指责有失面子，从而使沟通变得更加困难。心理委员可先同该舍友私下交流，在沟通过程中要保持中立，避免先

入为主,不要带着问罪的态度交流。以下提问方式可供心理委员参考:

"你的舍友反馈说你洗漱时间稍微有点长,是有什么特殊原因吗?"

"你觉得这样做可能会导致什么后果?"

"你是否也觉察到此事使你和舍友的关系出现了破裂?"

"你愿意试着把今天对我讲的这些告诉你的舍友吗?"

之后心理委员可以向其他舍友传达他沟通的意愿,然后共同商讨解决办法,如将洗澡与洗衣刷牙错开进行,或者向学校反馈适当延长热水供应时间。

191. 宿舍成员间因学业竞争关系闹得很僵怎么办?

团体冲突理论认为,偏见是团体冲突的表现。当人们认为自己有权获得某些利益却没有得到,这时他们若与获得这种利益的团体相比较便会产生相对剥夺感,这种剥夺感最可能引发对立与偏见,对于个体这种理论同样适用。偏见就像滤镜,它导致双方的看法越来越消极,长此以往甚至爆发肢体冲突。如果双方竞争奖学金,可以建议获得奖学金的同学拿出一小部分给宿舍购置公共用品或者水果,这在一定程度上能够弥补相对剥夺感。如果双方竞争保研名额,这种涉及根本利益的矛盾很难调和,心理委员要做的是避免出现恶性竞争。即使双方矛盾无法调和,也要制订一些大家都必须遵守的规则,如禁止人身攻击、造谣、中伤,禁止干涉对方保研进程,提倡公平竞争。

五、社团社交类

192. 同学因在人际交往中总是被忽略而感到挫败怎么办？

被忽略在人际交往中是一种常见的困扰，心理委员可以鼓励同学通过以下方法来应对这种情况。一是自我反思。建议同学反思自己在人际交往中的表现，是否缺乏自信或者说话不够明确，仔细审视自己的行为和态度，看看是否有改进的空间。二是增强自信心。自信是吸引他人注意的关键。建议同学培养自信心，可以通过积极参与社交活动、提升社交技能等方式来实现。三是与他人建立联系。主动与他人建立联系是引起他人注意的重要方式。建议同学积极参与团队活动、加入兴趣小组、参加社交聚会等，创造更多机会与他人交流和建立联系。四是提升沟通技巧。有效的沟通技巧可以帮助同学更好地表达自我和吸引他人的注意。建议同学学习倾听和表达技巧，提升自己的表达能力。五是关注他人。在人际交往中，不仅要关注自己，还要关注他人。建议同学积极倾听他人的谈话，关心他人的需求和感受，表现出对他人的尊重和关心，这样能够更容易吸引他人的注意。六是寻求帮助。如果以上方法都没有改善情况,可以寻求更专业的帮助,如找心理咨询师咨询或参与社交技巧培训等。

193. 同学认为自己不够有趣别人不愿与他做朋友怎么办?

每个人都有自己的个性和兴趣爱好,每个人都是独一无二的,我们要做真实的自己,不能为了故意迎合别人而改变自己。社交是双向的交流,同学觉得自己不够有趣,并不意味着朋友也这样认为。心理委员可以鼓励同学尝试听听朋友的想法,彼此多坦诚交流,而不是自己小心翼翼地揣测。另外,心理委员要鼓励同学增强自信,勇敢做真实的自己。真实和独特往往更重要,要学会改变自己的思维方式,多发现自己身上的闪光点,而不是光盯着自己的不足之处,这样才能够拥有满意的社交关系。

194. 同学想和大家交朋友又不敢主动迈出第一步怎么办?

出现这种问题可能是对自我的过度否定,不够自信,且过度关注他人的评价,倾向于从消极的方面去感知和解释。心理委员首先要鼓励同学以自己所设定的目标为评价标准,不要活在别人眼中的标准里。要以过去的事实作为参考系,这样更容易看到自己的进步。其次,要多看到自己身上的闪光点,不要总盯着自己所没有的,要学会接纳自己,更好地爱自己、关怀自己。再次,要降低对第一步的期望值。同学不敢迈出第一步,主要原因是对第一步有很高的期望值,然而现实可能是残酷的,第一步并不一定会有好的结果。所以在跨出第一步之前心理委员要建议同学做好两个心理准备:一是降低内心的期望值,准备好迎接可能会受到的打击;二是突破心理防线,走出安全区。害怕社交,其实更多的是害怕来自他人的言语、眼神或是肢体的攻击,以至于会把自己保护起来,给自己划出一条线,不想走出去,同时别人也走不进来,形成一个安全区。最后,心理委员要让同学知晓,走出第一步,不是为了满足别人,而是为了更好的自己。

195. 同学在社交场合说话比较容易紧张怎么办?

在社交场合说话会紧张是不自信和不接纳自己的一种表现,心理委员可以试着鼓励同学改变自己内心的一些想法。一是要学会悦纳自己,树立自信。要改变首先就得在心里接受和悦纳自己,树立起对自我的信心。二是不要对自己要求过高,过于追求完美。太在意别人对自己的看法,一心想要得到别人的承认,容易患得患失,从而迷失自我。三是要学着接受自己的现况。不要去管别人怎么看,越害怕出错,就越会感到手足无措。

有了合理的信念之后,心理委员可以建议同学进行积极的自我暗示训练,逐步改变以前对自己的否定观念,培养自信心,还可以进行系统脱敏训练。但改变不可能一蹴而就,这是一个循序渐进的过程,需要一步一步地战胜自己的紧张心理。心理委员可以建议同学先为自己设立一系列的行为目标,比如列出10个自己以往会感到紧张的交际场景,然后再根据自己的情况,将其按由易到难的顺序排列,再由易到难地去进行社交实践训练,每一项练到很轻松自如后再进入下一项的练习。要相信,人的能力是经过实践活动锻炼而逐渐培养发展起来的,社交能力也是如此。除此之外,还可以进行镜子技巧训练,帮助同学克服紧张情绪。

196. 社团骨干如何激发社团成员参与活动的动力?

心理委员可以从以下几个方面给同学提出建议。

(1)鼓励同学学会倾听和理解。定期与成员进行沟通,倾听他们对于社团的想法和感受,理解他们为什么感到倦怠或缺乏动力,以便有针对性地解决问题。

(2)给成员提供支持和鼓励。积极鼓励和赞赏成员的努力和贡献,让他们感到被认可和重视。同时,提供必要的支持,帮助团队成员克服困难和挑战。

(3)设置明确的目标和任务。确保每个成员都有明确的任务和责任,明确他们在社团中的角色。同时,确保设定的目标具有挑战性和吸引力,激发成员的参与积极性和动力。

(4)提供培训和发展机会。组织培训和发展活动,提供成员进一步提升技能和发展个人能力的机会,这不仅可以增强成员的参与积极性和动力,也有助于他们在社团中成长。

(5)举办有趣且有意义的活动。策划并组织有趣且有意义的社团活动。符合成员兴趣和需求的活动可以提高他们的参与度,增强社团的凝聚力。

(6)促进团队合作。组织团队建设活动和合作项目,加强成员之间的互动和合作。培养团队精神和凝聚力,让成员感受到团队的温暖和互相支持。

(7)定期回顾和反馈。定期回顾社团的工作和成果,提供积极的反馈和建议,不仅可以让成员看到自己的努力得到了认可,还可以激发他们继续投入的积极性。

总之,积极倾听成员的想法,关心成员的感受,同时积极引导和培养他们的参与动力,给予支持和鼓励,制订清晰的目标和任务,提供发展机会,举办有趣的活动,促进团队合作,定期回顾和反馈等,可以帮助成员克服倦怠心理,增强社团的活力。

197. 同学在社交场合不敢表现自己怎么办?

同学在社交场合中不敢表现自己这种情况是害羞、自卑等心理导致的。这些人在与他人交往时会显得特别紧张,心跳加速,担心遭到拒绝,或者是在交往中总是害怕麻烦别人,害怕被别人讨厌,害怕伤害自尊,从而在社交中很被动,甚至退缩。心理委员要鼓励同学努力克服自卑、敏感、恐惧心理,增强自信心,用行动不断完善自己。具体方法可参考本书第 195 问。

198. 同学不知道如何和周围同学交流怎么办?

不知道如何与同学沟通交流是缺乏一定沟通技巧的表现,心理委员可以,给同学提供以下建议。一是要积极热情。不要总是被动等待别人找自己,而要主动与周围同学进行沟通。敞开心扉是有感染性的,是相互性的,你向别人敞开心扉,别人也同样会这样做。二是要理解和尊重他人。每个人都有自己的性格特点、不同的成长背景和生活习惯,所以在与他人交流的过程中,要互相理解和尊重,这样就能更容易和大家相处,也会减少不必要的摩擦。三是要诚实。人际交往中最重要的是真诚和善意,这也是生活的基本原则。四是要懂得宽容和理解别人。学会换位思考,相互理解,才不会导致敌意。

心理委员还可以建议同学主动和周围同学多交流,积极尝试处理与周围人的关系,努力使自己处在一个和谐的人际环境中,以便更好地学习和生活。

199. 同学面对新的社交环境感到不安惶恐怎么办?

当我们到了一个新的环境后,因为不了解,大脑对周遭危机的预估能力下降,就会产生更多的"不确认感",这种感受会刺激大脑的边缘系统,引发"紧张感"。针对这个问题,心理委员可以鼓励同学做出以下改变。一是改变心态,让自己更开放。个体若是长时间封闭自己的内心,对外界的环境会产生抵触心理,内心会变敏感,长久下去,人自然而然会越来越难以适应新环境。二是改变思维方式。在成长过程中,持续按照一种思维方式思考和解决问题,就可能产生固化思维,对新鲜的事物容易排斥、不接纳。心理委员可以建议同学学会逆向思考问题,敢于跳出目前的舒适区,多尝试、多挑战才能够更快地适应新的环境。三是将自己的爱好带到新环境。用擅长的事情拓展对新环境的认知,可以更容易获得认同感和价值感。四是提高与人交往的能力。不管在什么环境下,先找一个和自己比较合得来的朋友，以此进一步扩大自己的圈子，是一个比较好的适应新环境的方法。当自己在新的环境中很快得到他人的好感与认可时，内心的紧张不安就会大大缓解。

200. 同学总是不懂得拒绝他人怎么办？

不懂拒绝往往会使自己的生活总是身不由己，陷入一团混乱之中，从而产生自我怀疑心理。心理委员首先要鼓励同学树立自己的原则，学会合理地拒绝，知道什么事情是自己真正认同的，什么事情是自己可以做到的。其次，心理委员要让同学认识到，不懂拒绝意味着有时候必然会损失个人利益，委屈自己。我们最应该疼爱的人是自己，不要太担心自己给别人的那些所谓的好印象，也不要害怕得罪人。最后，心理委员可以尝试给同学布置"家庭作业"，试着拒绝他人一次。让同学发现，其实拒绝他人也没有那么难，他人也不会因为一次拒绝而对自己形成不好的印象。

201. 同学因朋友比自己优秀产生嫉妒心理怎么办？

针对这个问题，心理委员可以从以下两个方面提出建议。一是要让同学从心理上建立正确的认知，明白在友谊中嫉妒是一件很正常的事情。心理委员可以建议同学承认这种嫉妒情绪的存在，把控制情绪的主动权还给自己，正确地看待嫉妒，进而学会去处理它，掌控自己的生活。二是建议同学试着与朋友谈论"嫉妒"这种情绪。选择适当的机会向朋友表达出这样的情感,试着采用以"我"为主语的句子,例如,"我对你有些嫉妒,因为你每次都能够把握时机,而我却常常错失"。其实,在彼此坦诚之后,双方可能都会发现对方身上有自己嫉妒的地方,也就是自己想要拥有的一些品质和优点,恰巧是这些才让彼此吸引成为好朋友。朋友之间相处最重要的是要做到彼此坦诚,这样的友谊才能长久。

202. 同学的每段友谊维持的时间都不长怎么办?

人与人之间的关系需要用心维系才能保持相对活跃的状态。很多情况下,没有维系的关系会逐渐被淡忘,甚至最后断了联系。多联络,感情才能常在。心理委员要和同学交流难以长时间维系友谊的原因,倾听同学的诉说。维系友谊的前提是双方互动不辛苦。很多时候一方拼命努力去争取,而另外一方却不为所动,这时主动交往的一方就会觉得很累,长此下去就会慢慢地减少联系。一般的人都希望别人主动来和自己交往,这样似乎显得更有尊严。同时,懒惰的天性也让许多人不喜欢主动出击,而有的人不主动可能是性格内向、信心不足的缘故。但"来而不往非礼也",面对这种情况,主动的一方可能认为对方没有交往的意愿,从而重新考虑自己是否要继续和对方保持联系。因此,心理委员可以建议同学在确定交往对象之后,要有积极主动的意识。和朋友交往的时候,不要把面子看得太重,它不会给我们带来实质性的好处。如果我们这样想问题的话,主动与他人交往就会变得比较容易。在克服了面子问题的心理障碍后,会发现积极主动与人交往其实并不难。

把交往的主动权握在自己手上,朋友之间的友谊也会维持得更加长久。

203. 同学控制不好社交距离怎么办?

在社交中保持适当的距离才能既互相取暖又不至于冒犯对方。心理委员可以建议同学在跟人交往的时候,根据关系的性质和远近管理社交距离,做到礼貌得体,让对方感到舒服。还可以建议同学根据对方性格和具体情境等控制距离。例如,性格开朗和喜欢交往的人更乐于接近他人,也较易接受他人的接近,自我空间比较小;而性格内向和孤僻自守的人就不愿意主动接近他人,对接近自己的人也非常敏感,他们宁可将自己孤立地封闭起来,当自我空间受到侵犯时,他们很容易产生不舒服感和焦虑感。因此,心理委员还需建议同学根据具体情景和交往对象的特点来确定社交距离。

204. 同学被他人孤立怎么办?

遇到同学被他人孤立的情况时,心理委员可以尝试以下处理方式。一是倾听和支持。与被孤立的同学进行交流,倾听他的感受和困惑,并表达支持和理解,让同学知道你愿意帮助他度过困难时期。二是促进交流。鼓励被孤立的同学与其他同学交流,积极参加集体活动,增加彼此的了解和互动。心理委员还可以组织一些小组活动或者邀请同学参加一些社交活动,帮助他融入集体。三是提供支持资源。向被孤立的同学提供一些相关的支持资源,如联系辅导员等帮助他处理情绪问题,学会应对困境。最重要的是,心理委员要鼓励被孤立的同学保持积极乐观的态度,坚持自己的信念,并提醒他不要放弃寻找支持和建立友谊的机会。

205. 同学纠结于自己的行为是否会影响别人怎么办?

要解决这个问题心理委员可以从以下几个方面入手。一是倾听和理解。作为心理委员,要倾听同学的问题和疑虑,了解他们对自己行为的看法和担忧。二是建议自我反思。心理委员可以帮助同学进行自我反思,让他思考自己的行为对他人的影响。通过提问和引导,帮助同学意识到自己的行为可能会对他人造成的影响。三是鼓励积极行为。心理委员可以鼓励同学发展积极的行为和态度,帮助他意识到自己的积极行为对他人的影响。四是引导主动沟通。心理委员可以引导同学与他人进行沟通,让他表达自己的想法和感受并尝试解决问题,帮助他学会有效沟通和解决冲突的技巧。五是持续提供支持。心理委员应该持续支持和关注同学,确保他能够逐渐解决自己所纠结的问题,建立积极的行为习惯。

总之,心理委员应该以理解、支持和指导为导向,帮助同学摆脱对自己的行为是否会影响他人这个问题的纠结。通过引导他进行自我反思、发展积极行为、主动沟通,帮助他发展积极的行为习惯。

206. 同学害怕面对他人的眼神关注怎么办？

心理委员首先要了解同学害怕他人眼神关注的原因。常见的原因有两种。一是自尊心受损。当个体自尊心受损时，对他人的眼神会更加敏感。二是缺乏社交经验，害怕被攻击或伤害。针对这个问题，以下方法可供心理委员参考。

首先，心理委员可以建议同学进行意识训练，学会意识到自己害怕别人眼神关注，以及这种害怕如何影响自己的情绪和行为。具体的方法可以是正念冥想和自我观察。其次，建议同学进行身体练习。练习深呼吸等身体技巧，有利于缓解身体紧张感和焦虑感。再次，帮助同学重建自信心。心理委员可以建议同学通过积极肯定自己、寻求社会支持和进行自我探索重建自信心。最后，帮助同学进行社交技能训练。鼓励同学通过参加社交技能训练课程或社交活动等方式逐渐提高自己的社交技能和自信心。

207. 同学人际关系差怎么办？

这个问题的具体表现之一是同学性格比较孤僻，和周围的同学关系不是很好，导致情绪比较低落。心理委员首先要给予同学关注和支持，构建信任关系。找时间多和同学沟通交流，了解他的想法，让同学感受到关注和理解，同时提供支持，帮同学克服心理障碍，鼓励他积极参加课外活动，提高自信心和人际交往能力。如果情况比较严重,可以建议他寻求专业心理咨询,从而更好地了解和处理自己的情绪和问题。最重要的是,在和同学交流的过程中,要尊重其个人隐私和自主权,不要强行干涉和指导他的行为和决策。总之,心理委员在帮助孤僻的同学时需要耐心和关爱,更需要合适的方法和途径。

208. 同学总是不愿参加班级活动怎么办?

同学之所以不想参加班级活动,可能存在以下原因。一是社交能力不足。同学可能不擅长与他人交流或结交新朋友,导致他与班级同学没有过多的交往,也不会很自然地参加班级活动。二是对班级活动不感兴趣。同学可能对某些班级活动不感兴趣,觉得这些活动无聊、浪费时间,因此不愿意参加。三是没有意识到班级活动的重要性。同学可能没有意识到班级活动对于增强班级的凝聚力、培养友谊,以及对自身社交、领导力等方面的提高都具有重要作用。

针对这些问题,心理委员首先可以建议同学积极提高社交能力,培养自信心;其次要学会倾听,把焦点集中在别人身上,聆听他人谈话,让对方感觉受到重视;再次要练习表达,锻炼表达自己的想法和情感的能力,同时要尊重别人的观点,避免争吵和批评,这是建立好的社交关系的基础;最后可以建议同学主动结交好友,学会与其他同学沟通交流,以更好地融入班级。此外,也要多了解班级活动的内容和意义,在适当的情况下积极参加班级活动,体验活动带来的快乐和收获。

209. 同学感觉和关系不错的朋友有很大的距离感怎么办？

心理委员首先要认真倾听同学的内心感受，询问感觉有距离感的表现和原因，而后建议同学试着主动与朋友沟通交流，了解他们的兴趣和想法，并主动分享自己的经历和想法。同学可以试着主动多和朋友聊聊天，一起参加一些活动，建立更多的共同话题，也可以适时表达自己的想法和情感，加深彼此的了解和信任。在日常交往中，要尊重对方的感受，积极关注和支持对方的生活和工作，让关系逐渐变得更加亲密和稳定。

210. 同学感觉难以结交新的朋友怎么办？

进入大学一两年后，同学的交际圈可能逐渐固定，难以结交新朋友。针对这种情况，心理委员一要耐心倾听。给予同学足够的时间和空间，让他表达自己的感受和困惑。二要分析原因。帮助同学分析问题的根源。可能是社交焦虑、自卑、缺乏自信等导致他难以结交新朋友，了解问题的原因后才可以更好地解决它。三要提供支持。向同学展示关心和支持，让他不感到孤单。例如，鼓励他主动与他人接触，参加社交活动，并提供一些适合他的社交技巧。四是进行角色扮演。与同学一起练习社交技巧，如模拟真实情景，帮助他改善自己的交往方式，增加自信。五是建议同学多参加活动。鼓励同学参与自己感兴趣的活动，这样可以更容易找到志趣相投的人，建立起联系和交流的渠道。

211. 同学总觉得周围同学讨厌他并因此心情郁闷怎么办？

这个问题的具体表现之一是同学不太会和人打交道，并且十分敏感，因此总觉着周围的同学讨厌他。同学的这种表现说明他缺乏自信心和一定的社交技巧，心理委员可以建议同学尝试以下方法解决这个问题。一是提升自信。自信是和人打交道的基础，同学可以尝试多关注自己的优点、能力和成就，并对自己的表现有信心，这样在与人交流时会更加自然流畅。二是练习社交技巧。社交技巧是可以学习和练习的，心理委员要鼓励同学多参加社交活动，多与人交流，尝试学习引入话题、保持对话气氛和眼神交流等技巧，从而更加自如地与人交流。三是改变心态。"觉得大家不喜欢自己"这种心态可能会让同学对他人变得敏感，甚至抵触，心理委员可以建议同学尝试改变这种心态，培养积极、开放的心态，将注意力放在对话内容和对方身上，而非自己的想法和情感上。

212. 同学很难交到志同道合的朋友怎么办？

有志同道合的朋友可以共同探讨和交流自己的兴趣爱好，但有的人兴趣点较小众，因此很难找到志同道合的朋友。面对这种情况，心理委员可以建议同学采取以下几个措施。一是积极参加相关活动。多参加自己感兴趣的相关活动，如展览、演出、比赛、研讨会等，寻找志同道合的伙伴，并主动和他们交流。二是尝试创造共同的兴趣点。即使没有完全相同的兴趣点，同学也可以找到一些相关的、有交叉点的兴趣点，如画画和摄影、电影和文学等，寻找一个共同的交流平台，表达自己的兴趣。三是学会接触不同的兴趣爱好。不同的兴趣可以为人生增添色彩，因此同学也可以试着接纳不同的兴趣爱好，开阔自己的视野，接受更加多元化的生活方式，这样能更好地适应生活，交到更多的朋友。

213. 同学难以敞开心扉与他人交流怎么办？

针对这样的同学，心理委员可以多主动与他谈心，以下几点建议可供参考。一是创造友好的交流环境。在和同学交流的过程中尽力创造安全的氛围和环境，让同学感到放松，知道自己的感受和想法是被尊重和重视的。二是用心倾听。积极地听取同学的表述，表现出对其交流内容的兴趣和关注，同时注意尊重同学的隐私和个人空间。三是挖掘共同的兴趣点或话题。引导同学讲述自己的故事、经历和感受，寻找共同话题。四是启发思考。借助一些开放式的问题启发同学思考，帮助他发掘自己更深层次的内心感受和想法。五是给予正向的激励和支持。鼓励同学积极地表达自己的声音，在适当的时候给予鼓励和赞许。

214. 同学因不喜欢社团的氛围而苦恼怎么办？

同学如果不喜欢目前所在社团的氛围，心理委员可以根据具体情况给予同学一些建议。一是鼓励他与其他社团成员积极交流沟通，提出自己的想法和建议，包括参与社团活动策划，提供自己的建议。二是寻求解决方案。如果同学对社团氛围仍然不满意，可以建议他寻求与社团负责人或指导老师的密切沟通，通过分享自己的感受和提出问题，尝试找到解决问题的办法；或者考虑寻找其他更合适的社团，以满足自己的兴趣和需求。三是注重个人能力发展。鼓励同学保持积极的心态，尝试参与更多的活动，发展自己的兴趣和能力。四是建议他探索其他社交圈子、兴趣小组或俱乐部，以开阔眼界，寻找归属感。需要注意的是，心理委员要尊重同学的意愿和选择，仅提供支持和建议，让他能够根据自己的需求和喜好做出适合自己的决定。

215. 同学因班级没有凝聚力而难受怎么办？

这个问题的表现之一是班级集体活动时大家都抱"小团体"，显得班级没有凝聚力，同学感觉很不舒服。针对这个问题，心理委员可以提出以下建议。一是建议同学在集体活动时主动鼓励大家一起合作，强调团队精神的重要性，激发大家情感上的联结。二是定期组织团队建设活动，加强班级凝聚力。三是鼓励同学在组织集体活动时积极营造友好的氛围，增进相互的感情交流。四是提高班级活动的参与度，让更多的同学参与集体活动。例如，分工小组合作，各自承担一项任务，共同完成一件事情，让活动更有吸引力和成就感。五是强化班级组织。通过开展有针对性的活动，明确工作目标和计划，推动班级建设升级，使班级组织更好地发挥作用。

216. 同学面对刁钻的人不知如何应对怎么办？

针对这种情况，心理委员可以给同学提出以下几个建议。一是冷静应对。首先要保持冷静，不要被对方激怒或压倒，要坚定自己的立场。二是注意分析问题。深入思考对方提出的问题或要求，找出其中的矛盾和漏洞，采取合理的对策。三是使用合适的沟通方式。注意沟通方式，尽量避免情绪化和争吵。四是保持理性和客观。尽量用事实和逻辑来回应他们的观点和质疑。五是适当妥协。如果对方的态度或语言过于恶劣，可以适当舍弃面子，主动缓和局势，以求达成合作。

217. 同学因家庭困难不敢与同学交往怎么办？

有些家庭困难的同学不太愿意主动和其他同学交往，会因被冷落而苦恼。心理委员可以从以下几个方面给予同学帮助。一是积极关注同学。和同学多交流，注意倾听，了解他的困难和需要。二是积极建立信任。通过诚实、信任和尊重，使其逐渐打开心扉，慢慢变得愿意和其他同学交往。三是主动了解其爱好。在了解同学的兴趣爱好后，可以建议他参加一些符合自身兴趣的活动，增加和其他同学接触的机会，提高互动频率。四是促进交际。可以向同学推荐一些与他的个人兴趣爱好相关的俱乐部或社群，让他认识更多志同道合的朋友，更好地融入集体。同时，也要鼓励其他同学主动与他交流，打破沟通障碍，逐渐加深彼此的了解。五是建议同学尝试参与班级管理。在参与班级管理的过程中，可以锻炼人际交往能力，增加与其他同学接触的机会。

218. 同学与朋友三观不合怎么办？

针对这种情况，心理委员可以给同学提出以下建议。一是要学会尊重他人的观点和信仰。保持平和的沟通氛围，尊重朋友的信仰和价值观，避免批评和攻击。每个人都有自己的信仰和观点，如果试图改变对方的信仰和观点，可能会破坏友谊。二是要多交流、多了解。用平等、开放、诚实的态度进行沟通，多了解对方观点产生的背景。三是要控制情绪，避免争论。尝试寻找与朋友的共同点和相同的兴趣点，建立一个双方希望的更加平等、和谐、愉快的关系。四是要懂得适时退出。当沟通不能继续或者没有任何改善时要适时退出，给予对方和自己一定的时间去了解和接受彼此的观点。总之，如果同学与朋友三观不合，需要用适当的方法去化解冲突，保持良好的人际关系。

219. 同学无法融入社交圈怎么办？

针对这种情况，心理委员首先要鼓励同学增强自信心。在人际交往中，自信是非常重要的因素。鼓励同学多参加社交活动，多认识新朋友，增强自信心和社交技巧。其次，建议同学主动了解他人。了解他人的兴趣爱好和个性，主动和他们进行交流和互动。通过了解和尊重其他人的差异性，可以建立更好的关系。再次，建议同学积极寻找共同点。积极寻找与其他人的共同点或共同爱好,增强彼此的感情联系,促进沟通和相互理解。从次,建议同学不要过分关注自己的缺点。要保持积极的心态,弱化自己的缺点,强化自己的优点,学会接受自己的不足和差异。最后,建议同学寻求帮助和支持。如果同学在人际交往中遇到困难,可以向身边的朋友、老师或辅导员等寻求帮助和支持,以获取解决问题的方法和建议。总之,化解无法融入社交圈这个问题需要积极沟通,吸取别人的经验和建议,并不断增强自己的社交技巧和能力,逐渐建立良好的人际关系。

220. 同学在人际交往中经常吃亏怎么办?

针对这种情况,心理委员要与同学充分沟通交流,并建议同学做到以下几点。一是要学会拒绝。学会拒绝那些对自己不利或不合适的事情,如拒绝加入一些不合适的社交团体、拒绝别人不合理的要求等。二是增强自信心。自信是人际关系中至关重要的因素,同学要注意形象、修养,增强自信心,更好地表现自我。三是学习沟通技巧。通过学习沟通技巧,可以更好地与他人交流、表达自己的意见,避免吃哑巴亏。四是明确底线。同学可以明确一些自己的底线,如不允许他人蔑视自己、践踏自己的尊严等,当这些底线被触及时,要采取必要措施果断拒绝。五是寻求帮助和支持。如果同学在人际交往中遇到困难,可以主动向身边的人寻求帮助和支持,如朋友、老师或辅导员等,获取有针对性的建议。总之,要在人际交往中避免受欺负,同学需要努力提高个人品质,增强自信心,学会拒绝,明确自己的底线,并不断学习沟通技巧等。

221. 同学的缺陷被周围同学嘲笑怎么办?

作为心理委员,可以采取以下方法来帮助同学消除这个困扰。第一,用心倾听并表达支持。与受嘲笑的同学进行深入沟通,倾听他的感受和困扰,表达对他的理解和支持。第二,培养自信。帮助受嘲笑的同学建立自信心,鼓励他认识和接受自己的缺点,并提醒他所具有的优点和过去取得的成就,以增强他的自信心和自尊心。第三,提升社交技巧。为受嘲笑的同学提供社交技巧的培训和指导,帮助他更好地应对嘲笑和批评,如冷静回应、幽默化解等。第四,培养友情和支持网络。帮助受嘲笑的同学与他人建立友情和支持网络,鼓励他参加兴趣小组、社团活动或志愿者工作,结交志同道合的朋友,增加获得支持和理解的机会。第五,强调尊重和包容的重要性。以班级或者社团为单位开展主题教育活动,强调尊重和包容的价值观,让同学们意识到每个人都有自己的独特之处和不足之处。更重要的是为受嘲笑的同学提供情感上的支持和鼓励,帮助他建立自信心并学习相关的社交技巧。此外,还可以寻求学校资源的支持,营造一个友善包容的校园氛围。

222. 同学遇到矛盾冲突时总不能控制好情绪怎么办?

当遇到有这类困扰的同学来求助时,心理委员可以提供以下建议。一是深呼吸。深呼吸是舒缓情绪的有效方法之一,可以帮助同学冷静下来,平息激动情绪。二是自我心理调节。学习一些心理调节的小技巧,比如放松训练等,可以更有效地控制和调节情绪。三是积极沟通。学会坦诚地表达自己的情感,但要避免过于激动或侵犯他人利益。适当的沟通可以帮助解决矛盾,心理委员可以建议同学在遇到矛盾时,试着先分析矛盾,找到矛盾的根本原因,再理性思考,采取适当方法处理问题,而非完全被情绪左右。当发现矛盾难以解决或者难以控制自己的情绪时,可以建议同学寻求专业人员的帮助,如征求专业心理咨询师的意见,这有助于提高情绪管理能力和学习解决矛盾的方法。易怒、情绪波动过大和矛盾冲突无法妥善处理都可能影响到自身形象以及与他人的关系,因此寻求专业人员的帮助,用适当的方法调节情绪特别重要。

223. 同学在与他人交往时很难信任他人怎么办?

如果同学在与他人交往的过程中很难信任他人,心理委员首先要和同学进行交流,仔细分析很难信任他人的原因。如果是因为在人际交往中有过受伤经历,心理委员需要帮助同学主动面对,逐渐恢复对他人的信任。以下方法可供参考。一是设定较小的目标。从一些相对较小的目标着手,例如,听取别人的建议、相信别人的承诺等,以此逐渐建立对他人的信任。二是学习有效的沟通技巧。利用沟通技巧合理表达自己的意见,听取别人的意见,避免过多推销自己的观点。三是建立良好的社交网络。与朋友一起参加一些社交活动,扩大自己的交际圈,增加对他人的信任。四是保持正念。积极保持乐观的心态,充分信任别人,相信自己的直觉和自己的社交网络,尝试克服不信任情绪。总之,建立信任需要一定的时间和努力,并不是一蹴而就的。同学需要努力克服自己的不信任情绪,并尝试相信别人,这样才能建立自己的友谊圈。

224. 同学在与他人交往时攀比心理严重怎么办?

针对这个问题,心理委员给同学提供以下建议。一是找出攀比心理的根源。通过自我反思,找出自己与他人攀比的深层原因。只有认清问题的根源才能找到有针对性的办法。二是要建立自我价值观。了解自己的优点和不足,认知到自己的独特之处,减少与他人比较的欲望。三是要树立正确的观念。认识到与别人比较是没有意义的,因为每个人的情况和背景都不同,我们应该正确看待别人的优点,激励自己学习前进。四是要客观评价自我。通常情况下,比较的错误并不在于与他人比较,而是选择了错误的标准和方法。我们要建立自己的标准和方法,对自己进行客观评价。与别人比较时,要权衡优点和不足之间的共同点和差异,从而发现与别人合作和互相学习的机会。五是充分认识自己。在与别人比较时认真思考自己的各方面情况,而不是盲目跟从。只有充分认识自己,建立正确的价值观,才能形成健康的人际关系。

225. 同学在与他人交往时容易吃醋怎么办?

这种情况在人际交往中也是客观存在的,心理委员可以给同学提供以下建议。一是进行自我反思。确定自己是否过于敏感或自卑,从而导致这种吃醋情绪的产生。如果是,则需要努力提高自己的自信心和情绪调节能力。二是尝试沟通。如果同学感到有些不舒服,可以直接与朋友沟通,告诉朋友自己的真实感受。说出来往往能减轻负担,并且有可能更好地理解朋友之间的关系。三是学会放下过去。如果吃醋情绪是由过去的经历产生的,同学应该努力放下过去,积极面对现在的关系,不去过度臆想或纠结过去的事情。四是逐步建立信任。如果同学认为自己无法信任朋友,那么需要思考这种关系是否真的值得继续发展。五是不断充实自己。同学要形成自己独立的人格魅力,寻找自己的爱好和兴趣,丰富自己的社交圈,因为拥有丰富的生活和多元的交际圈能有效消减吃醋情绪。总之,同学应该学会控制自己的情绪,认真思考问题的根源,并且注意发展自己的信心和比较扁平的价值观,这样可以消减不必要的焦虑和烦恼,享受友谊带来的快乐。

226. 同学在社交场合常因表达问题遭遇尴尬怎么办?

如果同学是在社交场合理解不准确、表达不清晰,心理委员可以建议同学尝试以下方法。一是保持冷静。不要因为自己的失误而过于慌张,慌张只会让事情变得更糟糕。二是多确认信息。在交流时多确认对方的意思以及自己的表达是否清楚,这样可以避免自己误解对方的意思或说错话。三是表述尽量简明扼要。在表达自己的观点时要注意言辞简明扼要,避免使用过于复杂或抽象的词汇,让听众更容易理解。四是多进行口语表达练习。例如,定期与朋友进行日常对话、加入口语俱乐部等,逐步提升自己的表达能力。也可以请教专业人士帮助自己提升表达能力。总之,要在日常生活中多加练习,有意识地培养清晰、明确、简洁的表达方式,这样就能不断提升自己的表达能力,避免在公开场合产生尴尬的情况。

227. 同学在社交团体中感到自卑怎么办?

在社交团体中感觉自己比别人差、不够优秀容易产生自卑感,这种情况可能导致同学出现焦虑、沮丧、自我怀疑等负面情绪,影响心理健康和社交积极性。面对这种情况,心理委员可以这样做。首先,建议同学认识到自己的独特性。每个人都是独一无二的个体,都拥有自己的特点,同学可以从中找到自己的亮点。其次,通过学习增强自信心。同学可以通过努力学习和积累经验,提高自己的能力和技能,进而增强自信心。再次,建议同学不要与他人比较。因为每个人的情况都不尽相同,同学要学会接受自己,不要总是与别人比较。最后,建议同学多寻找支持和帮助。来自身边亲朋好友的鼓励有利于增强自信心,同学可与朋友、家人多交流自己的感受。总之,当同学在社交团体中感到自卑时,要尽快采取措施消除自卑感,认识到自己的独特性、提高技能、改变认知和寻求支持等都是有效的方法。

228. 同学因无法融入社交团体孤独感严重怎么办?

当一个人无法融入社交团体时就会感到孤独。人类是群居动物,需要社交关系来满足生理和心理上的需求。如果一个人无法融入社交团体或缺乏社交联结,就可能会感到疏离、孤单、无助以及空虚和悲伤。孤独感是一种负面情绪,它可能影响到一个人的身体和心理健康,心理委员可以建议同学尝试以下方法去消减。一是主动与他人交流和互动。主动与他人分享自己的想法和经历,寻找志趣相投的人,结交新朋友。二是积极建立社交联系。学会与他人建立良好的人际关系,积极参与自己喜欢的群体活动。三是要增强自信心。学会自我调节和自我心理疗愈,提升自信心,增强心理素质,形成更好的自我身份认同。总之,主动交流互动、增加社交活动、增强自信心等都可以帮助同学消减孤独感,促进身心健康。

229. 同学总是拒绝参加社交活动怎么办?

同学拒绝参加社交活动可能是害怕被人评价、害怕失败等,这些情况暗示着同学可能正面临着社交焦虑的困扰。作为心理委员,可以先向同学提供一些信息支持,告诉他害怕失败是人际交往中常见的一种现象,也是一种很常见的心理问题。接着心理委员可以向同学提供以下建议,支持他更好地应对这种状况。首先,让同学认识到社交焦虑是一种常见的心理问题,而不是个人的失败或不足,许多人都经历过类似的困扰。其次,建议同学进行一些渐进式的社交练习,逐渐减少社交焦虑。可以从简单的事情开始,比如和家人或朋友闲聊,然后逐渐扩展到和陌生人交流、参加聚会或活动等。在这个过程中,心理委员要提供支持和鼓励,不断让同学尝试新的体验,渐渐克服恐惧;也可以给同学布置家庭作业,在下次交流时进行检查。再次，心理委员可以教给同学一些应对社交焦虑的技能和方法，如深呼吸、放松训练、正确认识自己等，帮助他缓解紧张和压力。最后，心理委员要帮助同学增强自信心。鼓励同学多发现自己身上的闪光点，不要一直盯着自身的缺点。建议同学在自己的能力范围内尝试各种新的活动和体验，需要时积极寻求帮助和支持，不要害怕失败和批评。总之，通过不断的学习和练习，可以慢慢增强自信心，从而更好地面对社交场合中的挑战，收获良好的人际关系。

230. 同学与他人交流沟通时总会遇到障碍怎么办?

我们在与他人沟通时可能会遇到各种障碍，如误解对方的意图、语言障碍、思维模式不同等。同学的这种情况可能是沟通技巧不足，也可能是沟通障碍导致的。沟通技巧需要通过学习和训练来提高，而沟通障碍则需要更深入的了解再有针对性的处理。

沟通障碍可能是由以下几个原因导致的。一是言语障碍，即语言方面的问题。发音不清、语速过快或过慢、发音不标准等，都可能导致沟通不畅。二是心理因素。个人情绪或心理状态不稳定时也可能影响沟通效果。例如，过度紧张、注意力不集中、自卑、缺乏自信等心理问题会导致无法有效地表达自己的思想和需求。三是社交能力不足。如果一个人缺乏社交技能，就可能难以与他人建立联系和互动，从而导致沟通不畅。针对此问题，心理委员首先可以建议同学在日常生活中有意识地提高沟通技巧，比如可以通过阅读、参加课程或观察其他人等提高自己的沟通技巧，包括学习如何倾听、如何表达自己的意见、如何恰当用语等。其次，调整心态,通过积极的思考和心态调整,减轻紧张和焦虑感。例如,正视自己的缺点和不足,以积极的态度看待问题。再次,建立信任。在与他人交流时,建立信任并尽量尊重他人是非常重要的。最后,尝试与他人建立真实的联系,并关注他们的问题和观点。如果在沟通交流后感觉同学的情况比较严重,心理委员可以建议同学寻求心理专家和沟通专家的帮助。总之,沟通是一项重要的技能,可以通过学习和实践慢慢掌握。

231. 同学因班级同学吵架而心情郁闷怎么办?

在班级中存在吵架等不和谐的情况,导致同学心情不愉快、有压力,这是很正常的反应。如果这种负面情绪进一步影响到他们的学习和生活,则可能导致更多的问题。面对这种情况,心理委员首先要建议同学倡导和谐交往。通过和谐交往,学会理解彼此,不互相攻击和诋毁,可以建立一个彼此尊重、平等相待和充满爱心的学习环境。其次,冷静沟通。鼓励同学冷静沟通,主动解决矛盾、化解各自的不满,建立一个更积极的交往方式。再次,加强团队意识。心理委员可以建议同学通过团队活动来培养同学之间的合作意识,鼓励所有成员积极参与,分享经验和知识,从而加强班级团结,减少矛盾冲突。最后,组织班级活动。开展一些班级活动,让同学有更多机会交流和相互了解。总之,解决班级不和谐的问题需要齐心协力,从多个角度进行努力,慢慢改善班级氛围,建立一个尊重、包容、和善的交往环境。

232. 同学心情低落应如何宽慰？

　　心理委员的角色是帮助同学解决心理问题和提供心理支持。在宽慰同学时建议注意以下几点。第一，用心倾听同学的心声，尊重他的感受，理解他的处境。在了解问题的根源和情况之后心理委员可以提出建议，要让同学感受到被支持和理解，建立感性的情感连接。同时，引导同学主动思考问题，找到合适的解决方案。第二，积极提供支持和鼓励。告诉同学他其实并不孤独，有人关注他的问题，并且可以和他一起克服面临的困难和挑战。心理委员在帮助同学解决问题的同时，要赞美他的优点和实力，提高他的自信心。第三，保护同学的隐私。不向外透露同学的具体问题和经历。如果同学需要其他专业人士的帮助，心理委员可以及时提供相关资源和引导。总之，心理委员需要具备一定的沟通技巧和心理知识，这样才能帮助同学有效地解决心理问题，走出负面情绪。

233. 同学因给朋友指出不足后对方难以改正而苦恼怎么办？

　　这种情况是比较常见的。心理委员首先要向同学解释人类行为的本质以及人们在成长和生活中所面临的种种挑战。每个人都有自身的缺点和不足，没有人是完美的。因此，我们应该尽可能理解和容忍他人的缺点，同时认识到自己的差异和劣势。其次，心理委员应告诉同学,他可以私下向对方提出自己的关切和建议,表明自己的想法,但要注意方式和语气,尽量坦诚、温和。此外,要尊重对方的想法,不要强迫对方做出改变。再次,心理委员可以建议同学反思自己的行为和性格特点,更好地理解自己的优势和劣势。也可以建议同学考虑尝试学习新的技能和方法,提高自我认知和社交能力,通过了解自己的行为和想法,可以更好地理解他人的观点和需要,提高沟通理解能力。最后,心理委员需要让同学知道,我们无法控制他人的行为和态度,但可以控制自己的行为和态度,我们应该多关注自身的表现,尽力做到善良和理智,让周围的人感受到温暖和友善。

234. 同学因社交圈子太小而苦恼怎么办?

对于同学的困扰,心理委员需要给予关注,帮助他拓宽社交圈子,与不同的人建立联系。首先,建议同学积极参与学校的社团活动。各种各样的社团活动提供了与其他同学接触和交流的机会,还可以结识志同道合的朋友,分享共同的兴趣爱好;也可以鼓励同学积极参加校内的其他活动,比如运动会、文艺比赛、志愿者活动、学术研讨会等,主动认识新朋友,多交流,多沟通,积极建立新的社交关系。其次,鼓励同学参加一些社交活动,同时选修一些提升社交能力的课程。因为社交能力可以通过学习和练习来提高,参加社交活动有助于同学更好地融入社交场合,与多样化的人交往;而课程学习可以提升自我表达能力、沟通技巧、人际交往能力等。最后,建议同学以开放的心态接纳朋友的多样化。心理委员要提醒同学,多样化的人群中肯定有些人和自己不同,但这并不意味着他们不值得交往,建议同学要尊重、理解并欣赏不同的观点和生活方式,接纳不同特点的朋友。同时,也要注意自己的言行举止,尽可能营造友好和谐的社交氛围。总之,心理委员要建议同学主动拓展自己的社交圈子,丰富自己的社交经验和技能,积极与多样化的朋友交往,这样才能体验到更加丰富的人生。

235. 同学因在社团合作中遇到问题而苦恼怎么办?

同学在团队合作中遇到问题是一件很常见的事情。作为心理委员,首先可以鼓励同学建立更好的沟通方式。一个良好的沟通渠道可以帮助同学合理地解决团队合作中出现的摩擦,同学也要尝试去了解其他团队成员的生活、想法、兴趣和价值观,以便更好地协调共同目标。其次,帮助同学学习如何更好地处理角色分配问题。第一,建议同学了解自己的目标和优势,并努力发挥自己的优势和潜力,学会通过积极主动的态度和表现,让自己在团队中发挥重要作用。当角色分配出现不公时,及时反映情况,尝试协商解决问题,而不是被动地接受。最后,教给同学一些解决问题的技巧。例如,学会倾听他人想法和意见,适时说出自己的观点;学会合理地承担责任和义务,并积极寻求解决问题的方式。如果同学在合作中遇到了很大问题,心理委员可以建议他及时向相关指导老师或者心理老师求助,以获得更专业的建议。总之,在团队合作中遇到问题是很正常的,心理委员要告诉同学不需要为此感到苦恼,可以通过更好的沟通、学习解决问题的技巧或求助专业的人士来解决问题,让整个团队更和谐,顺利达成共同目标。

236. 同学因活动氛围不好而感到不舒适怎么办？

在参加活动过程中因氛围不好感到不舒适是很常见的情况。作为心理委员，需要了解这种情况产生的原因，倾听同学的心声，询问氛围不好的具体表现，在了解具体情况之后再提出一些具有针对性的建议帮助同学解决问题。首先，帮助同学分析活动是否存在问题。建议同学先考虑一下自己是否对活动的内容和形式感到满意，然后尝试和其他参加活动的同学聊聊，了解他们的想法和感受，看看这个问题是否普遍存在。其次，鼓励同学积极参与活动组织。有时候，同学感到氛围不好，很可能是因为没有积极参与。同学可以主动参与活动的策划、安排和组织工作，尝试积极交流和合作，增加彼此的了解和联系。积极参与活动可以让同学更深入地了解活动内容，也有助于改变自己的感受。最后，建议同学尝试参加其他活动。同学可以多参加一些自己感兴趣的活动，寻找适合自己的环境和氛围。有时候更换活动可能会给同学带来新的机遇和挑战，也有助于开阔自己的眼界和思维。总之，当同学感到参加的活动氛围不好时，心理委员需要帮助同学了解问题的本质并提供一些解决问题的建议，目标是让同学更好地参与活动、享受活动，获得更好的活动体验。

237. 同学所在社团因成员过度竞争而面临分裂怎么办？

这种情况如果不加以控制可能会导致社团的解散。作为心理委员，可以给同学提供以下建议。首先，认清竞争与合作之间的辩证关系。竞争可以激发成员的表现和潜力，但必须是良性的竞争，不会伤害到其他成员或社团的整体利益。其次，组织集体讨论。引导社团成员就目前存在的问题进行讨论，让社团成员提出自己的想法和看法，鼓励大家形成开放思维和包容心态，并讨论如何排除竞争引发的不良情绪和行为，营造良好的社团气氛。再次，社团实行轮流当值制度。让所有成员有机会参与组织，共同制订决策。再次，强调合作的重要性。普及团队合作相关知识，让团队成员明白合作是取得成功的重要因素，合作能够激发个人潜力，而个人的成长也会带动社团整体进步。最后，鼓励社团成员多参加团队建设活动。团队建设活动能够帮助成员建立和谐交流平台以及相互信任的关系，增强合作意识和共同进步的愿望。总之，只有秉持团队合作意志和共同进步的心态，社团成员才可能达到更好的合作效果，团队才会更加健康向好。

238. 同学不知如何调动社团成员的积极性怎么办？

能够有效地调动社团成员的积极性，是一名优秀的社团组织者的重要素质之一。心理委员可以给同学提供以下建议。一是尝试制订明确的目标和计划并进行有效的沟通。社团成员需要知道各自为何而努力,且目标必须是可达性的。在目标中明确成员的任务和时间,并持续与成员沟通,让他们知道进展情况。成员参与感是很重要的,让成员参与到决策过程中,感受到他们对于整个社团工作的贡献很重要,可以使成员更有动力参与计划并全力投入。二是制订相应的奖励和激励机制。奖励计划和激励措施可以为参与者提供额外的动力。这些激励可以是简单的奖状、徽章和证书,也可以是社团外部的活动机会。三是定期举办团队建设活动。团建活动可以增强成员之间的联系和信任,激发热情。四是为社团成员提供学习机会。通过各种渠道获取资源,为社团成员提供学习成长的平台,让成员获得新技能和知识,提高自己的价值感。五是改善工作环境。一个愉快、友好、温馨的环境是非常重要的。如果能提供充足的资源和舒适的场所,让社团成员有愉快的参与体验,其参与积极性也会大大提高。

239. 同学因不懂得合理分配社团任务而感到很疲惫怎么办?

作为社团骨干,分配任务是职责之一,但不能总是把更多的任务留给自己。心理委员可以建议同学首先要坚持公正原则。在分配任务前,先明确工作职责和任务,评估每个人的优势和局限性,根据每个人的能力分配任务,培养团队意识。团队成员的任务不仅是完成自己的职责,还要确保整个团队的工作顺利进行。因此,在分配任务时,要考虑整个团队的需要,而不是只关注个人。其次,在分配任务的时候要积极地与大家商量。可以与其他干部和成员主动沟通,听取他们的意见和建议,以协商的方式来分配任务,减少矛盾与误解。再次,适时奖励成员。在团队工作中,合理的奖励是对团队成员的激励和肯定,同学可以根据成员的付出和工作结果,给予其适当的奖励和荣誉,提高他们的参与积极性。最后,同学要学会自我管理和平衡。同学不仅要关注团队,也要关注自己的身体和精神健康,根据个人能力和实际情况,科学规划任务,适当调整工作强度,保持个人的平衡和健康。

240. 同学因自己组织的社团活动出现差错而心情沮丧怎么办?

心理委员可以试着先给予同学鼓励和支持,缓解他的沮丧心情。让同学明白,不能因为出现差错而气馁,要继续努力组织好下次活动,多发现组织活动中自己做得好的地方,注重自己在这个过程中的收获。其次,心理委员可以协助同学分析这次活动出现差错的原因,包括活动的策划、执行、宣传等方面可能存在的问题。再次,在了解活动失败的原因之后,心理委员可以和同学一起想办法防范这些问题再次发生,并制订改进方案。最后,心理委员要鼓励同学坚持组织社团活动,并在社团内发挥更大的作用,逐渐提高组织能力和领导能力。失败并不可怕,最重要的是从失败中汲取经验教训。心理委员要引导同学复盘整个活动流程,从中发现需要提高的地方,争取下次做得更好。

241. 同学在与社团成员交往中总是自我否定怎么办?

面对这种情况,心理委员要建议同学培养自我认同感,包括对自己的价值观、兴趣、特长等方面进行正确认知,并不断发掘自身潜能,提升自身实力。可以建议同学从以下几个方面去努力。

(1)设定可实现的目标。同学可以设定自己想要达成的目标,然后在完成这些目标的过程中不断肯定和鼓励自己,逐步建立起自信心。

(2)找准自己存在的具体问题。同学可以将自己在社交场合中的表现录下来,然后反复回放,找出自己的不足之处并努力改进。

(3)学习沟通技巧。沟通技巧是可以通过练习提高的,同学可以学习有关沟通技巧的课程或阅读相关书籍来提高自己的沟通能力,从而更加自信地与他人交流。

(4)改变思维方式。心理委员可以与同学一起探讨悲观观念的来源,帮助他重新审视事实和证据,努力养成积极的思维方式。

(5)鼓励积极心态和自我肯定。心理委员应帮助同学养成积极的心态,鼓励他寻找和发展自己的优势,多关注自己的成功之处,正确评估自己。

重要的是,心理委员要以耐心和理解的态度与同学交流,并为他提供支持和引导,帮助他建立积极的思维方式和心态,从而以阳光自信的姿态与社团成员交往。

六、专业职业类

242. 同学因没想好将来做什么工作而迷茫怎么办？

针对这种情况，心理委员首先要关注同学的心理状况，再提供必要的帮助。以下建议可供心理委员参考。

（1）调整情绪，正视就业。心理委员要从不同方面与同学讨论他的就业迷茫点，澄清迷茫原因，并帮助调整同学情绪。要让同学明白，对未来的迷茫是绝大多数学生会面临的问题，没有人从一开始就知道未来想干什么，暂时没有找到就业方向和心仪的职位并不需要过度担心。

（2）从自身专业出发寻找就业方向。结合本专业特点去了解未来的就业方向。和同学一起摸清本专业对应什么样的行业，行业的发展前景如何，具体有哪些工作岗位，需要面对的工作场景和工作内容有哪些，等等，慢慢理清工作方向。

（3）提供相关资料。心理委员可以收集本专业学长学姐的从业信息，建立未来就业方向借鉴表，给班级同学一个具有借鉴性的清晰模板供参考。

（4）听取家人的想法。鼓励同学多与父母交流，和父母讨论未来就业的地点、行业及岗位等,在和父母交流的过程中慢慢探索自己和父母都中意的工作方向。

(5)结合自身兴趣爱好。和同学讨论他的兴趣爱好是什么,有什么岗位能和他的个人爱好结合,激发他的工作热情。

(6)探寻个人对就业的具体期待。很多同学对就业感到迷茫是因为不知道自己对工作的期待或要求是什么。心理委员可以和同学讨论他有没有想要去的城市,想要接触的行业,喜欢朝九晚五有规律的生活还是无拘无束的自由职业,理想的薪资待遇是多少等具体问题,帮助他明确具体的工作方向。

243. 同学因不喜欢所学专业心情苦闷怎么办?

当班级同学不喜欢自己的专业并表现出缺乏学习兴趣、苦闷等情绪时,心理委员可以从以下几个方面开展工作。

(1)和同学讨论不喜欢本专业的原因。要先弄清楚同学为什么不喜欢这个专业才能够对症下药帮助他。可以从以下角度了解:课程太难;不适应大学的讲课节奏和学习氛围;课程枯燥乏味,提不起上课兴趣;报考本专业只是由于分数不够其他心仪专业,退而求其次做出的选择;当初是在家长的建议下报考的本专业,并没有认真思考自己是否喜欢该专业;自己是被调剂到这个专业的,并不了解也不喜欢这个专业。

(2)建设同学先认真尝试再做决定。可以建议同学先放下对所学专业的偏见,静下心尝试着认真学习专业课程,或许能从中发现所学专业的乐趣,也可能在认真学习中获得成就感从而喜欢上这个专业。

（3）建议同学转专业。很多大学是支持转专业的，在大一或大二结束时，会给一部分学生转专业的机会，但学校对于转专业的学生都有一定的要求。心理委员可以和同学探讨学校有没有他心仪的专业，如果实在不喜欢目前所学专业，可以和同学一起去了解本校转专业的要求，看看有没有机会转到心仪的专业学习。

（4）建议同学修双学位。很多高校支持学生辅修一门专业，心理委员可以建议同学在学有余力的情况下，保留本专业的学习，辅修一门自己感兴趣的专业。

（5）建议同学跨专业考研。心理委员可以和同学交流继续深造的想法，考研可以给他一次进入不同领域、学习不同专业的机会。

244. 同学因不清楚所学专业有哪些就业方向而困惑怎么办？

同学不清楚所学专业的就业方向时，多方获取信息和实践非常重要。心理委员可以帮助同学进行职业规划，找到更适合自己的发展道路。除了开展主题班会，在班会上向同学普及所学专业未来的发展方向外，也可以从以下几个方面入手。

（1）邀请学姐学长现身说法。心理委员可以邀请已经就业的本专业学姐学长以线上会议室的方式，或者回校面对面，向班级同学介绍目前本专业的就业相关情况。

（2）向学校就业指导中心老师请教。心理委员可以向本校就业指导中心的老师请教本专业的就业领域、发展前景等，再向班级同学普及；也可以邀请就业指导中心的老师在班级开展就业指导主题讲座。

（3）上网查询相关内容或案例。心理委员可以自行在网上查阅本专业的就业相关帖子或文章，整理成简洁易懂的《就业指导手册》分享给班级同学，解答同学们的疑惑。

（4）鼓励同学参加专业实习。通过实习，同学可以很好地了解所学专业的工作领域、就业方向和工作内容等。

（5）鼓励同学多与辅导员或学院的专业课老师沟通。心理委员也可以邀请本专业辅导员开展线下就业指导主题会，帮助同学们了解所学专业的就业方向、就业前景等。这也为辅导员提供了了解同学在就业方面困惑的机会，从而更好地为同学服务。

245. 同学在就业选择方面与父母产生矛盾怎么办？

当同学和父母出现就业意见不合时，心理委员首先应该做到主动关心同学，认真倾听他的想法，理解他此时内心的负面情绪，并且从以下几个方面给同学提出建议。

（1）鼓励同学和父母理性沟通。当同学找到心仪的工作岗位父母却不同意时，可能会引发一些家庭矛盾。心理委员应该鼓励同学以理性客观的态度和父母沟通交流，主动和父母交流自己喜欢这份工作的原因，并了解父母不支持的原因。

（2）帮助同学分析利弊。同学可能对父母的反对理由带有一些情绪，这时候心理委员应该站在旁观者的角度帮助同学客观理性地分析利弊。比如同学父母认为这份工作需要经常熬夜加班，压力较大，担心同学身体会吃不消，心理委员就需要帮助同学充分认识到自己是不是真的能够接受这种熬夜加班带来的挑战。

（3）为就业选择做好充足的准备。很多时候父母是担心孩子并没有为将来做好充足的打算，而是草率地决定要从事的职业，此时心理委员可以劝说同学为将来的工作做好充足的准备，并向父母展示自己有能力做好这份工作，打消父母的顾虑，赢得父母的支持。

246. 同学求职动力不足逃避就业怎么办?

当心理委员发现班级同学求职动力不足，迟迟不落实就业相关事项时，要主动关心同学。可以从以下几方面开展工作。一是做好心理疏导。心理委员对于班级同学就业动力不足的问题应当引起重视。既要帮助同学认清就业现状，也要调动其求职主动性，鼓励同学调整心态，积极主动寻找心仪的工作。二是弄清迟迟不愿就业的原因。可以从以下角度入手：缺乏求职技能，不符合求职单位的要求；找过工作，但是被拒绝，心生气馁；不知道自己适合什么样的工作；等等。三是开展就业动员主题班会。邀请就业指导中心的老师开展主题班会，分析当前就业市场的需求，介绍一些求职技巧等。

除此之外，也要激发同学的求职动力。可以从以下几个方面给同学提出建议。一是厘清职业规划。首先要明确自己想要从事什么样的职业，把目标写下来，然后制订一些可行的计划，分步骤去实施，这样可以更有动力去寻找自己想要的职位。二是学习新技能。如果同学觉得自己缺乏竞争力，可以通过学习新技能来增加竞争力，提升找工作的自信心。

247. 同学因专业和职业兴趣不匹配而苦恼怎么办？

同学认为所学专业和其职业兴趣不匹配，学习没有动力，出现迷茫、苦恼等情绪，针对这个问题，心理委员首先应该对其进行心理疏导，再提出适当的建议。

（1）进行心理疏导。做好同学的情绪疏导，告诉他其实专业与工作不对口是常有之事，大学阶段的很多知识并不都是专业性很强的，很多知识与未来的工作岗位都会有一些契合点。

（2）帮助同学寻找专业与兴趣的结合点。和同学深入讨论他的职业兴趣是什么，之后再探讨所学专业中有什么就业领域是和这个职业兴趣相匹配的，从所学专业出发努力寻找感兴趣的就业方向。也可以研究与同学职业兴趣相关的领域，了解哪些专业更符合他的职业兴趣，争取找到一个结合点，解决同学的困扰。

（3）建议同学积极参与实习或实践活动。同学可以通过实践来了解自己对不同领域的喜好和适应能力，确定自己的职业方向。

（4）建议同学选学其他相关专业。如果同学的职业兴趣确实和所学专业不匹配，可以考虑选学自己感兴趣的相关课程或专业，以增强自己在相关领域中的竞争力，进一步探索自己的职业兴趣。

248. 同学因不知道自己适合什么工作而苦恼怎么办？

当班级同学因迟迟找不到适合自己的就业方向而苦恼时，心理委员可以从以下几个方面开展工作。

（1）和同学讨论其兴趣爱好或特长。心理委员可以和同学讨论他的性格、兴趣、特长，使其更充分地了解自己的优缺点，自己喜欢的活动、擅长的领域等，并以此为基础寻找职业方向，找到适合自己的工作。

（2）和同学讨论其希望的工作状态。讨论这个问题可以帮助同学筛选一些基本的就业方向，例如，是无拘无束的自由职业还是定点上下班的固定式工作，是没有绩效压力的工作岗位还是有绩效压力的工作岗位等。同时要做好职业调查，了解各种职业的要求、特点和工作环境等，与自己的喜好相匹配。

（3）和同学讨论其期望的薪资待遇。不同领域或行业的薪资待遇有所差异，有的差异还特别大，通过和同学讨论薪资待遇可以帮助他选择或排除一些行业。

（4）建议同学做职业兴趣测试。做职业兴趣测试有利于找到自己适合的工作领域，例如，进行霍兰德职业兴趣测试等。

（5）建议同学积极参加实习。通过实习，体验不同职业的工作内容和工作环境，可以对自己是否能适应相关工作有更清晰的认知。

249. 同学因求职不畅感到心理压力过大怎么办？

面对这种情况，心理委员应该做到主动关心同学，向其提供必要的心理支持和陪伴。

（1）鼓励同学主动交流。心理委员要鼓励同学压力大、心情烦闷时主动找朋友交流，或者找心理委员诉说。同时，心理委员应该客观理性地和同学讨论他的就业压力，给予同学足够的理解和支持。有效的支持和陪伴,有利于缓解同学找不到工作带来的心理压力。

(2)寻求外部支持。心理委员可以积极协调各方支持,例如,给该同学提供就业信息,拓宽就业思路,提升就业所需的专业技能等,以此缓解找不到工作带来的心理压力。也可以邀请已经参加工作的学长学姐现身说法,或者建议同学去听学校就业指导中心开设的就业主题讲座等。

250. 同学应聘失败后难以调整失落情绪怎么办?

心理委员首先应该关注同学的心理状态,关心、安抚同学的情绪。当同学的负面情绪消化得差不多后,再和他讨论应聘失败的原因,帮助同学理性客观地对待此次落选。

(1)安抚同学的情绪。心理委员首先要做到共情,理解同学应聘失败后的失落和沮丧感。心理委员要耐心倾听同学的感受和想法,尊重和理解他的情绪。其次,要肯定同学的表现。告诉他敢于去应聘就是值得肯定的,一次失败也不代表自己确实不行,要相信自己,不要自我否定。最后,要鼓励同学不要气馁。可以趁此机会提升自己,让自己更优秀,在下次应聘时再展现自己的实力。此外,也要引导同学正确认识失败,让他明白失败可以让他学到更多的经验和教训,也可以锻炼他的意志力和抗压能力,从而更好地准备下一次的应聘。

(2)讨论应聘失败的原因和提升自己的策略。心理委员可以先和同学探讨这次应聘失败的原因,引导他找到自己的不足之处,从而进行有针对性的改进,这也是向成功更进一步的重要途径。

可以从以下几个方面分析,如同学自身的优势和劣势,和岗位的匹配程度,竞争者的情况,考试或面试的情况等,帮助同学理性客观地分析失败原因。找到原因后再针对具体问题讨论有针对性的解决方案,包括提升自身素质和调整应聘策略等。通过这些具体行动,帮助同学走出失落情绪泥潭。

251. 同学在追求理想与高薪之间不知如何选择怎么办?

面对这种情况,心理委员可以从以下三个方面开展工作。

（1）了解同学产生该想法的背景。心理委员可以和同学讨论理想与高薪之间的关系。同学在理想与高薪之间纠结,表明同学觉得两者不可兼得,所以首要是了解矛盾的背景,弄清同学的想法。比如和同学讨论他的理想是从事什么领域,薪资待遇和他的期望值差多少等。

（2）和同学探讨理想与高薪结合的可能性。很多时候理想与高薪并不矛盾,可以在两者之间找到平衡点,兼顾理想和高薪。心理委员可以和同学探讨他理想的工作领域里有没有一些职业能够达到和期望薪资差不多的水平,或者在追求理想的同时是否能够做一份兼职满足挣钱的需求等。

（3）帮助同学开阔思路。讨论理想与高薪对同学的重要性,帮助同学认清哪一项是更重要的。也可以鼓励同学和父母讨论自己的理想和高薪之间的矛盾,听听父母的想法,从不同角度考虑两者的关系。

252. 同学对大三以及未来生活的安排愈发焦虑怎么办?

同学即将踏入大学高年级,但不知如何安排大学高年级和未来的生活,为此感到非常焦虑。针对这种情况,心理委员可以这样开展工作。

(1)缓解同学的焦虑情绪。首先要肯定同学想要为未来提前做好安排的意识。大三的确是大学中很关键的时期,毕业、就业和深造等问题成了同学们必须面对的问题。同学有前瞻意识是很好的,但也不必过度焦虑,还有时间给他慢慢探索。

(2)和同学探讨他的兴趣爱好及理想。心理委员可以和同学聊聊他的兴趣以及未来理想的职业,帮助同学找到大三可以做的事情,比如进行一些与自己兴趣相关的活动,或者找一份实习工作,去学习与未来职业相关的技能等。

(3)鼓励同学和父母交流想法。同学可以通过和父母交流找到对于未来更具体的规划,比如留在哪个城市、从事什么职业等,从而反推出当前可以为未来做些什么准备。

253. 同学感觉大学生活浑浑噩噩、没有意义怎么办?

心理委员可以从以下几个角度去了解同学感觉大学生活过得浑浑噩噩、没有意义的原因。一是客观压力大。同学是否面临一些来自家庭、学业、人际交往等方面的压力,注意力被分散了,没办法在自己想做的事情上集中精力。二是生涯规划不清晰。大学是一个全新的阶段,同学会面临大量的选择,开始考虑未来的生活方向、职业道路,但又不清楚自身擅长什么、兴趣点在哪里,对大学生活的规律和目的也没有清晰认识,找不到目标和方向,因此会感到迷茫和困惑,产生大学生活没有意义的感受。三是专业认同感低。因为对自己专业不感兴趣,或者对本专业的就业前景不看好等,丧失学习动力。大学阶段的主要任务就是学习专业知识与技能,一旦对学习产生倦怠感,就可能会觉得自己的大学生活毫无意义。

此外,心理委员可以从以下几个方面鼓励同学在大学生活中积极探索。一是鼓励同学尝试从本专业中探索感兴趣的事情。比如参加本专业的学术活动或趣味活动,从中发现乐趣。当喜欢上所学习的专业时,在日常上课或者完成学业任务时会有更积极向上的心态,从而找到大学生活的意义。二是发掘自己的兴趣爱好。寻找自己感兴趣的事物,积极参与相关活动或组织自己的小团体,比如参加学校的各类社团,开拓自己的兴趣爱好领域,获得快乐和满足感。三是参加能产生价值感的活动。通过实践活动锻炼能力,开阔眼界,比如志愿者活动、社会实践项目等。

254. 同学不知道假期该做些什么怎么办?

心理委员可以从兴趣爱好、创造性工作、生涯规划等几个角度和同学讨论假期规划。

(1) 发展个人兴趣爱好。和同学讨论他的兴趣爱好,规划假期可以做的事情。比如可以去旅游,探索不同地方的文化,感受自然美景;可以学习一项技能,如游泳、摄影等;或者利用暑假参加一些志愿者活动、公益项目,学习与人沟通交流的能力,提升自己的社会责任感和独立思考能力。

（2）尝试具有创造性的工作。鼓励同学利用假期做一些具有创造性的事情,例如,参加"大学生创新创业计划",在导师的指导下选择所感兴趣的课题进行创新研究。这不仅能培养自身创新创业的能力,深入了解和掌握相关专业的知识和技术,也能够提高团队协作、沟通交流、解决问题等综合素质。

（3）为将来的职业生涯做铺垫。可以利用假期尝试去找一些与自己未来职业相关的实习机会,深入了解一些具体的工作模式、工作要求和职业发展前景,发现自己适合从事的职业领域,同时通过实践了解和掌握职业技能,积累实践经验和职业社交网络。

255. 同学因不了解所学专业的相关情况而迷茫怎么办?

心理委员可以建议同学从以下几个方面着手,对所学专业形成一个比较清晰的认识。一是和专业课任课教师交流。通过与专业课老师交流,可以了解该专业的课程设置、研究方向、未来发展趋势以及可以从事的就业方向等,提高自己对所学专业的认识和理解。二是参加学术讲座。参加学术讲座可以了解该专业的最新研究成果、前沿技术以及发展动态,提高自己的学术水平。三是参加实习。通过企业实习、社会实践等,可以了解该专业在实际工作中的应用情况,更好地认识该专业的就业前景。四是阅读相关文献。阅读可以扩展自己的知识面,从而深入了解所学专业,包括核心课程、学科方向、就业前景等相关信息。五是参加相关学生组织或社团。在社团可以与志同道合的同学互相学习交流，共同发现并解决所学专业中的疑难问题。

256. 同学因转专业失败心情沮丧怎么办？

心理委员首先应该认真倾听和鼓励同学，排解他的沮丧情绪，同时给予他一些实际的建议和帮助。

（1）倾听鼓励。先鼓励同学把内心的感受说出来，转专业失败难免会心情沮丧和有挫败感，不要闷在心里，可以向心理委员或身边好友倾诉。心理委员要向同学表达对他的失落和难过的理解，同时提醒同学不要过于沮丧，虽然转专业没有成功，但并不代表彻底失去了学习心仪专业的机会，还可以通过其他方式学习该专业，或许以后还能找到更好的发展方向。

（2）提供建议。心理委员可以建议同学寻找其他机会。除了转专业外，还有一些其他途径可以接触、学习心仪的专业，比如通过辅修双学位、蹭课等方式在校内完成专业课程的学习，也可以通过参加校外实践、实习等方式在校外积累相关实践经验。心理委员还可以鼓励同学重新审视他当前所学的专业，从中发现感兴趣的方向。

257. 同学对所学专业的未来发展持悲观态度怎么办？

针对这个问题，心理委员可以从以下几个方面帮助同学。

（1）了解同学不看好所学专业的原因。深入了解同学的想法,客观理性地分析同学提出的原因与该专业的真实情况是否符合。例如,有些同学觉得自己的专业就业前景不好,所以对自己的未来发展感到非常沮丧,但实际上该专业的就业前景比较乐观,同学产生悲观想法是因为对专业的了解太片面。

(2)鼓励同学探索本专业更多的领域和方向。鼓励同学更深入地了解本专业的就业方向,看看是否有兴趣点可以和岗位相结合。例如,建议同学参与专业相关的社团和组织,获得本专业一些朋辈的经验分享,在此基础上加深对所学专业的了解,深入认识未来的发展前景。

(3)鼓励同学向自己期望的发展方向靠拢。如果确实不看好所学专业的未来发展,同学可以尽早探索自身期望的发展方向,在校期间积极向该方向靠拢,学习该领域所需要具备的专业知识和实践技能,为将来就业发展做好准备。

258. 同学因工作难找而发愁怎么办?

当前就业压力确实很大,心理委员应该积极为同学排忧解难。首先关注同学的心理健康状况,在较多同学存在这个问题的情况下,留意是否有个别同学情况更特殊、更严重一些,如果有的话,心理委员要重点关注。除关注同学的心理健康状况之外,心理委员也要做好以下几点求职帮扶工作。

(1)提供就业指导,增强就业信心。心理委员可以联系学校就业中心的老师为班级同学开展职业规划指导,帮助同学了解自己的优势和劣势,明确就业方向和目标,为同学提供个性化的职业规划和求职建议。

（2）在班级搭建招聘信息平台。通过定期发布各类企业的招聘信息，帮助班级同学了解就业市场和招聘资讯。

（3）鼓励同学扩大求职渠道。除了几个大型网络招聘平台和学校招聘会外，同学还可以通过关注一些发布就业信息的公众号、身边就职朋友的内推码等方式获得就业信息。同时也要提升工作技能和竞争力，多参加一些与专业相关的培训和实习项目，增加工作经验和知识储备。

259. 同学认为经济形势不好并对未来持悲观态度怎么办？

针对这个问题，心理委员可以从以下两个方面开展工作。

（1）充分了解同学的想法。了解同学对经济形势的看法、关切的问题以及对经济发展的担忧。了解同学的想法后，再客观理性地分析当前经济形势遇到的问题以及未来的发展情况，尽量减少对同学情绪的影响，使他能够冷静地审视，从而更全面、客观地认识目前的经济形势。同时也要给予同学情感支持，表达对同学的关注和支持，帮助他摆脱负面情绪。

（2）向同学传递正能量。虽然经济形势会有波动，但人才始终是社会发展的关键。鼓励同学增强信心，努力提升自身素质和能力，根据自身特长和兴趣选择职业方向。也可以跟同学分享近期身边发展比较好的同学案例，也可以分享别人的成功故事，减轻同学对经济形势和自己未来发展的担忧。此外，也要鼓励同学积极寻找更多的发展机会。

260. 同学因求职高不成低不就感到迷茫怎么办?

心理委员要主动支持和关心这类同学。一要主动了解同学的具体情况。包括同学目前面临的问题是什么,期望的职业方向是什么,自己的优势和弱势在哪里,以及高不成、低不就的原因等。二要给予同学情感支持。以友好的姿态对同学当前的就业困境表示理解,鼓励他不要放弃,厘清自身优势以及期望的就业方向,进一步提高就业技能,相信自己一定可以找到一份心仪的工作。三要提供有针对性的建议。如果同学还没有很明确的求职方向,可以帮助他分析自己的兴趣和能力,找到适合自己的职业领域;如果同学已经有明确的求职方向,可以帮助他获得更多的招聘资讯,提高面试技能等。

面对高不成低不就的局面,心理委员一要鼓励同学重新评估自己的目标和条件,了解自身能够胜任哪些职位,适当调整自己的期望值,从而发现更适合的职位。二要建议同学寻求培训,提升技能。通过参加一些相关的职业培训或讲座等进一步提升自己的工作技能,以适应更多的岗位。三要鼓励同学充分利用资源寻找工作机会。例如通过校园网、求职平台等多种渠道了解企业信息和招聘需求,积极关注行业动态,拓宽就业渠道。

261. 同学遵循自己的就业观无法就业却又不愿做出改变怎么办?

首先,心理委员应该去了解同学的就业观,他秉持该就业观是出于哪些方面的考虑，以及其他的就业观或者就业途径能否实现这些考量，找到同学不愿意改变的原因。可以从以下几个方面分析。一是对于自身能力和潜力认识不足，缺乏主动学习和自我提升的意识。有的同学不愿做出改变可能是因为觉得自己只能胜任某几类工作，对于就业方向的选择十分局限。二是持保守或固定的就业观念，不愿意尝试新的工作或职业。三是过于注重工资收入，忽视了职业发展和个人成长前景。四是缺乏清晰的职业规划。同学可能只是简单地追求工作的稳定性，局限的就业观念导致职业发展方向受限，给找工作带来不小的阻碍。

心理委员针对此类问题，要鼓励同学形成全面、开放的就业观念，拓展自身知识和技能，增强竞争力。在弄清同学不愿做出改变的原因后，再客观理性地分析现状，鼓励同学形成更合理、更完善的就业观。可以提供以下建议。一是客观认知就业市场。了解就业市场的需求和趋势以及职业发展的方向和前景，与现实保持接触，不盲目。二是积极拓展就业渠道。不要把所有希望都寄托在一种就业渠道上，拓展多种职业渠道才能提高找到理想工作的概率。三是注重个人能力提升。进一步提升个人的工作技能，让自己更具竞争力，增加适应多种职业的可能性。四是进行恰当的职业规划。帮助同学了解自己的优势和弱点，明确职业目标，形成清晰合理的职业规划。

262. 同学为先就业还是继续求学而纠结怎么办？

心理委员可以建议同学从以下几个方面考虑自身情况，做好充分的调查和准备，把握自己的优势和发展方向，做出符合自己未来发展规划的决策。

（1）考虑个人职业目标。同学首先需要考虑自己未来的职业发展规划是什么，是否需要更高级别的学位来实现职业目标。如果同学希望进入某些专业领域深入研究，那么继续求学更合适；如果同学已经有了明确的职业规划，那么就业是更好的选择。

（2）评估个人的能力和兴趣。若继续求学，如读研、读博，需要投入大量的时间和精力，具备较强的学术研究能力，也需要对所学领域抱有浓厚的兴趣；而就业则需要具备实践能力和相关经验，最好对所从事的工作具有浓厚的兴趣。

（3）考虑财务问题。继续求学需要一定的学费和生活费用，就业可以获得稳定的收入。如果同学财务压力较大，可以优先考虑就业，或者选择一些有奖学金或助学贷款的研究生项目。

（4）听取父母意见。是继续学业还是就业，也可以听听父母的建议，再结合自身想法，做出符合自己未来发展规划的决策。

263. 同学对找实习工作感到恐惧怎么办？

心理委员首先要和同学讨论他害怕找实习工作的原因，可以从以下几个方面分析。一是缺乏实习经验。同学可能是缺乏实习经验，不知道如何开始实习，因此缺乏自信心，担心自己的能力不足以胜任实习任务而感到恐惧。二是感到竞争压力大。实习市场竞争激烈，同学可能会面临许多同龄人的竞争，担心自己无法脱颖而出，由此产生恐惧心理。三是担心影响学业。同学可能是认为实习会影响自己的学习和课业，所以害怕找实习工作。四是面临不确定性和未知风险。有些同学可能出于担心实习过程中存在的未知风险和不确定性，如实习工作难度太高、公司环境不适应等，所以害怕找实习工作。

　　找到原因后,心理委员可以从以下几个方面帮助同学克服恐惧心理。一是认清实习的意义。帮助同学认识到实习的重要性,并将其作为自我发展的一部分。实习可以帮助同学更好地了解自己所学专业的实际情况,积累实践经验,提高职业技能。二是积极寻找适合自己的实习岗位。通过参加招聘会、询问学校就业中心、关注网络招聘平台或各类招聘公众号等获取实习招聘信息,同时了解所申请的实习岗位的职责要求和工作环境等信息,锁定适合自己的实习岗位。三是建立自信心态。在实习过程中,同学可能会遇到各种挑战和困难,这时候需要保持积极乐观的心态,相信自己有能力克服困难和挑战。

264. 同学感到实习工作压力太大怎么办?

　　针对这种情况,心理委员首先要给予同学情感上的支持和鼓励,耐心倾听同学诉说自己的压力,尊重、理解同学的心情,给同学一个良好的压力输出口。然后给同学介绍一些缓解压力的方法。一是坚持锻炼。比如跑步、游泳、做瑜伽等,可以释放压力和紧张感,提高心理和身体健康。二是调整工作量和工作时间。避免一次处理太多的工作任务,平衡好个人的生活和工作。三是鼓励同学与身边的朋友或同事沟通交流,找到心理支持。有时候把问题倾诉出来就能得到很好的缓解。四是寻找其他释放压力的方法。例如,通过听柔和的音乐、深呼吸缓解压力。五是提醒同学注意工作的方式方法。例如,列出任务清单并分配优先级,一项一项有条不紊去完成,避免被零碎事项所困扰;尝试学习并运用有效的时间管理技巧,如时间规划、设定时间限制等,以提高工作效率。

265. 同学因毕业去向问题与父母产生矛盾怎么办?

面对这种情况,心理委员首先要关注同学的情绪状态。与父母意见不同,父母不断施压,同学的心理压力可能很大,心理委员要及时关注同学的情绪状态,主动关心同学,询问同学和父母之间的冲突点是什么,给予同学支持和鼓励。同时,心理委员也要给予同学一些建议,帮助同学更好地处理这件事情。可以从以下几个方面着手。一是建议同学为自己的打算做好充足的准备。如果同学决定毕业后直接进企业工作,可以制订相关的职业规划并告知父母。很多情况下父母只是担心孩子选的路不好走,如果看到孩子已经有了充足的准备和把握,可能就会放手让孩子按照自己的想法去做。二是鼓励同学理性地和父母沟通。要清晰地表达自己的想法和决定,并认真倾听和理解父母的想法。三是建议同学在理解父母想法的基础上做决定。同学应认真考虑父母的想法,再结合自己的性格特点、优势与不足等理性分析适合自己的道路。不能因为和父母赌气或者其他原因而执着于某一条路,要理性分析父母的建议,同时明确自己的理想和目标,加强和提升自己的技能和能力,找到适合自己的职业发展道路。

266. 同学求职面试失败后心情十分低落怎么办?

针对这种情况,心理委员可从以下几个方面提供帮助。

首先,心理委员应该给予同学关心和支持。理解同学沮丧和难过的情绪,使同学认识到这只是一次失败,还有很多的机会去争取;鼓励同学把失败看作宝贵的经验,学习教训并努力改进,帮他看到失败背后的潜力,积极面对挑战与困难;引导同学保持积极的态度,从失败中成长和积累经验,为未来的机会做好准备。

其次,帮助同学客观分析面试失败的原因,并提供帮助和建议。例如,分享一些面试经验和技巧,包括如何准备面试、如何强调自己的优势等。

再次,帮忙同学提升面试技能。具体而言可以从以下几个方面入手。一是面试前熟悉公司文化。通过官方网站了解目标公司的历史、文化、商业模式和产品或服务等信息。二是练习面试技巧。练习回答一些常见问题,如自我介绍、职业经历、优缺点介绍等。也可以请朋友或家人进行模拟面试,以提高自己的面试表现能力和口头表达能力。三是着装得体。选择合适的服装,保持得体、整洁、干净。

最后,针对同学面试失败的情况,心理委员应该在帮助他提高自信心的同时鼓励他不断前行。通过提供实用的建议,帮助同学学会从失败中吸取经验和教训,不断提升自我,从而增强自信,走出负面情绪。

267. 大四同学不知毕业后何去何从怎么办?

面对这种情况,心理委员首先要帮助同学正视毕业问题,敢于面对毕业后的各种未知情形。同学可能对是继续升学还是就业等问题感到困惑,这是正常的,心理委员可以通过召开主题班会的形式帮助同学确立人生目标。可以从以下几个方面提供建议。一是定位发展方向。鼓励同学仔细分析自己的兴趣爱好、能力、擅长的领域、价值观等,从这些方面思考适合自己的发展道路,明确毕业后是继续升学还是就业。二是加强和家人、朋友的交流。和父母、朋友沟通自己未来发展的方向,并结合有参考性的朋友的去向、父母的建议和自己的想法,寻找适合自己的发展道路。三是提升自身技能。鼓励同学提升自身技能,增强自身竞争力。可以通过实习、培训或者自学等方式增加自己的技能储备,以便有更多发展选择。四是直面未来挑战。对未来的选择需要慎重考虑,心理委员要鼓励同学勇敢面对挑战,不要逃避或轻易放弃。

268. 同学因找工作不知如何准备而焦急怎么办?

心理委员首先应该关注同学的心理状况,主动关心、倾听同学当前的困扰,帮助他排解内心的焦急情绪,接着从以下几个方面帮助同学厘清找工作前的准备事项。一是职业定位。询问同学是否了解自己的专业和兴趣所适合的工作领域和职业方向,帮助他确定职业目标,包括想要从事什么职业、职业发展的目标是什么、需要拥有什么技能和资格等。二是提升综合素质。建议同学注重提升自身综合素质,比如求职比较看重的外语能力、计算机能力、沟通能力等。三是鼓励同学参加实习。通过实习可以了解具体行业的工作环境和工作内容,积累工作经验,为找工作奠定基础。四是精心准备简历和面试。建议同学找工作之前精心准备个人简历,清晰地介绍自己的教育背景、经验和技能。面试是找工作过程中最重要的一步,可建议同学多练习面试技巧、仪态和谈吐等。在面试前要了解一些关于公司和所申请职位的信息,以便在面试时展现对公司和职位的了解。

269. 同学纠结于暑假是否应该去打工怎么办?

心理委员可以和同学讨论他对于暑假打工的看法,以及他对暑假打工的顾虑。同学暑假打工的原因可能有以下两个。一是缓解经济压力。暑假打工可以缓解家庭财务负担,支撑自己的生活费、学费等。二是积累工作经验。暑假打工可以积累一定的社会经验,锻炼自己的沟通能力,提升职业素养等,为将来步入社会、踏上工作岗位作铺垫。

同学对于暑假打工的顾虑可能有以下几点。一是占用时间。暑假打工可能会占用同学比较多的时间,没有学习、专业实践、放松娱乐的时间。二是比较辛苦。一般的暑假工作都是比较辛苦的,工作时间和工作内容可能和其他工作人员一样。三是没有赚钱需求。也有可能同学家庭经济条件不错,觉得自己暑假没有必要打工。

了解到以上信息之后,心理委员就可以将同学暑假打工的动机和犹豫的原因结合起来探讨。是同学自己有暑假打工的意愿还是看到身边有同学暑假打工,自己也想去尝试,抑或是希望通过暑期打工积累一定的工作经验却又害怕占用太多时间等,从不同的角度帮助同学看清楚自己的侧重点,从而帮助同学自己做出合理的抉择。

270. 同学不知怎样才能找到适合自己的发展方向怎么办?

大学期间,很多同学都会陷入迷茫,不知道未来的道路该如何走,没有清晰的方向和目标。心理委员可以从以下几个方面给同学提出建议。一是分析自身优势和劣势。建议同学尽可能多地参加各种活动,尝试不同的领域,分析自己擅长或不擅长的领域,这有助于找到适合自己的发展道路。二是根据兴趣爱好寻找目标。建议同学根据自己的兴趣以及所学专业探索将来自己可能从事的工作领域,并为此制订相应的目标和计划。三是加强能力素质的锻炼。鼓励同学多参加社会实践、实习工作和志愿活动等,积累各种技能和经验。四是正视问题。找到未来的发展道路不是一蹴而就的,需要时间和精力不断探索,因此,心理委员要提醒同学保持耐心,多尝试,不要轻言放弃。

271. 大一新生不知如何安排大学生活怎么办?

对于刚踏入大学校门的同学来说,大学的环境对许多同学来说都比较陌生,没有父母在身边,也没有老师安排学习任务,此时,大一新生必须依靠自己的自觉性完成一些任务,安排好作息时间,难免会感到无措。心理委员可以在大一班级开展相关主题班会,从以下几个方面提供建议。一是认真学习专业知识。大学的首要任务还是学习,所以大学期间必须认真上课,完成相关学习内容。

二是拓宽知识领域。大学期间学校会设置许多公共科目,同学可以选择喜欢的公共科目,或者去其他学院听自己感兴趣的课程,拓宽自己的知识面,丰富知识素养。三是积极参加活动。鼓励同学积极参加各种组织、社团以及比赛活动,从中可以寻找到志同道合的伙伴,也能增加社会经验,培养社交能力,锻炼自主思考的能力等。四是培养自主学习能力。大学期间是培养自主性、自觉性的重要时期,这个阶段少了父母和老师的督促,同学要形成自律、自主的好习惯,合理安排时间和任务。五是做好生涯规划。大学阶段是学生培养专业技能、思考未来生涯规划的重要阶段,心理委员要引导同学在大学期间锻炼和探索自我,了解自己的兴趣爱好、职业倾向等,为将来毕业后踏入社会做好前期准备。

272. 同学经常出现阶段性迷茫怎么办?

当班级同学出现阶段性迷茫时,心理委员首先要做的是安抚同学的情绪,给予同学充分的支持,告诉同学大学期间遇到阶段性丧失目标的情况很正常,不必过于担心,让同学能在迷茫的时候平静理性地思考问题,找到失去目标的原因。

心理委员可以从以下几个方面帮助同学寻找目标。一是鼓励同学思考失去目标的关键原因。阶段性失去目标,说明同学时而有目标,时而没有目标,心理委员首先要了解同学在没有目标的状态下是怎样的。例如,之前的目标完成后现在不知道接下来要做什么,或者放弃了之前的目标想找到新的目标但尚未找到。二是鼓励同学和身边亲近的人交流。和家人或者朋友沟通,听听他们在自己设置目标方面的建议,往往会更容易找到答案。三是建议同学寻求专业老师的帮助。如果同学特别频繁地出现阶段性无目标现象,可以建议他寻求校内生涯规划老师或心理咨询老师的帮助,或者参加一些校内的职业规划课程或讲座等。四是积极探索新的兴趣和爱好。鼓励同学参加志愿活动或课外活动,激发创造力,激励动力,充分发掘自己的潜力。

273. 同学质疑自己所学专业想放弃怎么办?

大学期间,不少同学会质疑自己所学专业,作为心理委员,首先要了解同学质疑的原因。以下是几个可能的原因。一是专业与个人兴趣不符。同学可能是因为选择专业的时候没有提前了解清楚该专业的实际情况,或者是被调剂到该专业的,或者是在别人的建议下选择了该专业,入学后发现该专业和自己的兴趣不相符,从而对所选的专业产生怀疑。二是学业压力太大。同学可能是因为所学专业难度较大或学习强度较大,感觉到过重的学习压力或学业负担,当无力承受时也可能质疑所学专业。三是该专业就业前景不好。同学可能是因为所学专业的就业前景不乐观,难以找到心仪的工作,从而觉得自己所学的专业没有前途,想放弃。

针对此现象,心理委员首先要做好同学的心理疏导工作,再从以下两个方面为同学提供建议。一是从所学专业中寻找兴趣。鼓励同学尝试在所学专业中寻到乐趣,提升学习动力。二是深入了解所学专业。了解该专业的核心学习内容、发展前景和实际应用,或者通过与学长学姐以及行业从业者交流,了解专业的现状和未来的发展趋势,在深入了解专业各方面情况的前提下,重新审视本专业,从而改变自己原来的看法。

274. 同学感到找工作备考期间压力太大怎么办?

针对这种情况,心理委员首先要给予同学一定的支持和陪伴,理解他面临的压力并提供有针对性的帮助。找工作备考期间的压力可能来自以下几个方面。一是社会压力大。求职市场竞争激烈,同学可能担心自己找不到好的工作,影响到自己的未来发展。二是自我期望高。同学可能对未来抱有很高的期待,害怕自己考不到理想的分数,没办法获得心仪的工作,辜负自己多年的努力学习。三是学业压力大。大四期间,同学可能既要准备找工作的考试,还要完成最后一个阶段的学业任务,压力确实很大。

心理委员在提供心理支持的同时,还需要从以下几个方面给出建议。一是适度运动。适当的运动可以缓解身体中的紧张感,释放压力。二是加强沟通。鼓励同学向家人、朋友倾诉自己的压力,寻找心理安慰。三是学习放松技巧。可以通过冥想、瑜伽、呼吸练习等方式放松身心,减轻压力。四是适当进行娱乐活动。例如看电影、听音乐等,有利于放松心情。

275. 同学转到新专业后感到焦虑不安怎么办?

面对这种情况,心理委员要主动关心同学,告诉他转专业后出现焦虑不安的情绪是很正常的。初到一个新的环境,面对新的同学和专业课程,需要适应的地方很多,心理委员首先要了解同学在新专业的学习情况、人际关系情况等,接着从以下几个方面给同学提供建议,缓解他的焦虑情绪。一是努力弥补专业学习差距。通常转专业是在大一结束后进行,面对前一年落下的专业课程,同学必须努力弥补。心理委员要给予同学相应的心理支持,告诉他面对学习困难时不要过于担心失败,而要思考如何实现目标和自我成长。二是寻求帮助。建议同学在感到无助或困惑时寻求专业课老师、辅导员或其他同学的帮助。三是寻求情感支持。面对转专业带来的压力和不安情绪,可以建议同学与父母、朋友多聊聊。朋友和家人的支持理解有助于减轻他的心理负担。四是学习放松方式。建议同学运用正念冥想、放松练习和运动等调节方法,缓解转专业后学习过程中产生的不安和焦虑情绪。

276. 毕业班级同学害怕踏入社会怎么办?

心理委员首先要了解同学害怕踏入社会的原因。大学生活相对简单,同学害怕进入社会可能有以下几个原因。一是不了解社会。同学可能缺乏对社会的正确认识,对于未知的工作环境、人际关系和生活节奏缺乏信心。二是对自己的能力缺乏信心。可能是担心自己的能力不足以胜任工作任务。三是害怕工作压力。网络上充斥着很多天天加班、工作压力大的新闻,同学可能是担心自己无法承受工作压力。四是担心找不到好工作。同学可能是担心找不到自己心仪的工作,害怕从事自己不喜欢的工作。五是担心搞不好人际关系。学生的人际关系相比社会更加简单,同学可能是担心自己无力应对社会工作中的人际关系。

在理解同学的基础上,心理委员也要给予同学相应的建议。一是正视问题,做好准备。大学生活结束,始终需要面对社会,可以建议同学在校期间多了解和积累一些与工作相关的知识和技能，提高应对工作相关问题的能力，从而有更多自信面对即将踏入社会这件事。二是加强沟通。同学可以和身边的朋友，或者已经毕业的学长学姐多交流，了解毕业后工作生活的真实状态。三是培养积极向上的心态。鼓励同学调整心态，对踏入社会充满期待和信心，坚信自己可以应对和解决未来的挑战。

277. 同学对未来感到迷茫并总是贬低自己怎么办？

面对这种情况，心理委员首先应该关注同学的心理健康状态。大学期间对未来感到迷茫比较常见，要特别关注同学总是贬低自己这一行为。长期贬低自己可能使同学的情绪和心理健康出现问题，心理委员要积极关注他的状况，必要时建议他到学校的心理咨询中心寻求帮助。其次，帮助同学正视自己。心理委员要给同学一定的支持和鼓励，引导他正视自己。一是建议同学关注自己的语言。一旦发现有贬低自己的念头，要停止对自己进行糟糕的评价，转向更积极的自我评价和自我激励。二是帮助同学寻找自身价值。同学可能会因为迷茫而批判自己，否定自己的优点以及取得的成绩，心理委员要引导同学多关注自己的成绩、优点和特长。

此外，心理委员也可以在未来规划方向方面给予同学一些建议。一是鼓励同学积极探索工作方向。通过积极参加各种课程、研究项目和活动，了解不同领域的工作机会和发展趋势。二是培养自己的兴趣爱好。积极寻找自己热爱的事物，探索将来想要从事的工作领域。三是利用假期参加实习。通过实习了解专业相关的工作岗位和内容，找到感兴趣的领域，并为未来的职业发展做好准备。

278. 同学因就业竞争太激烈特别担心找不到工作怎么办?

找工作阶段心理委员要主动了解同学的心理问题,认真倾听和了解同学面临的困境。当前大学生面临的就业形势确实比较严峻,存在担忧是很正常的,这时候心理委员要提供必要的支持和帮助,可以从以下几个方面着手。第一,在班级中组织就业帮扶小组。可以请有经验的同学分享自己找工作的经验,也可以定期在群里分享一些比较好的就业机会。第二,联系学校就业指导中心的老师开展主题班会。请老师分享找工作时应该注意的事项以及如何提高成功率等。第三,鼓励同学加强和身边朋友的交流。周边的朋友或许可以提供一些指导意见或者分享一些就业资讯。第四,建议同学加强自身综合素质。例如,提升企业看重的技能,包括语言组织能力、文稿撰写能力和外语能力等。第五,建议同学寻求专业心理咨询师的帮助。如果同学确实心理压力太大,自己无法调节,可以寻求校内心理咨询师的帮助。

279. 同学步入大学后找不到奋斗目标怎么办?

升入大学可能是很多同学在初高中时候的一个主要目标,似乎生活都是围绕上大学展开的。当实现阶段目标,真正踏入大学之后,很多同学可能就丧失了目标,不知道自己要做什么,陷入迷茫无助的状态。心理委员可以从以下几个方面提供帮助。第一，鼓励同学在大学期间探索自己的兴趣爱好。很多同学在初高中时期并没有发展出明确的兴趣爱好，大学阶段是同学接触新鲜事物、自我支配时间、尝试发展自我的重要阶段，心理委员可以鼓励同学参加各类社团，发展自己的兴趣爱好。第二，建议同学从小到大设立目标。从设立阶段性小目标着手，逐渐确立大目标。第三，鼓励同学多和别人交流。通过和不同的人交流会发现大家的目标可能不尽相同，从中得到启发，发展自己的目标。第四，建议同学做好自己的本职工作。大学阶段最重要的任务是学习，建议同学完成好自己的学业，学习好专业知识，从中探索自己感兴趣的事情。

280. 同学因无法将生活安排得和别人一样井井有条而焦虑怎么办？

针对这种情况，心理委员要先肯定同学积极向上的想法，虽然没有达到自己理想的状态，但是他能认识到自己的不足，希望向别人学习，这一点本身就是值得肯定的。其次，关注同学的心理健康状态，焦虑程度如果比较高，要及时建议同学寻求专业心理咨询师的帮助。

心理委员可以从以下两个方面给同学提出具体建议。第一，减少和别人对比。同学可能只看到别人展示出来的生活，其实别人的生活中可能也有一些不如意或者不那么井井有条的方面，只不过没有展现出来。第二，专注于探索自身的成长。学习放松方法和处理焦虑的技能，放慢自己的节奏，也要宽容自己，提高自我价值感和自尊心。

心理委员还可以从以下几个方面引导同学更好地把握自己的生活节奏。第一,制订日程表。合理地分配时间,关注自己的课程表和作业,确定每天要完成的任务和活动,及时完成作业,避免浪费时间或者错过重要事情。第二,寻找学习伙伴。找一个学习伙伴,互相监督和激励,提高学习效率。第三,养成健康的生活方式。规律作息,按时睡觉、吃饭等,有助于把握日常生活节奏,保持积极向上的心态。

281. 同学不想和周围人做比较却又管不住自己怎么办?

心理委员应该主动关心同学,给予同学一定的帮助,可以从以下几个方面开展工作。第一,引导同学减少和别人对比。让同学明白,和别人比较会带来压力和焦虑。每个人都有自己的生活节奏和方式,一味地比较只会导致不必要的担忧和自卑感。第二,引导同学转换视角。建议同学更多关注自己的成长和进步,而不是和别人比较。可以制订个人目标计划,吸取别人的经验和智慧,积极地锻炼自己的能力,不断进步。第三,寻求专业心理咨询师的帮助。如果同学的情况比较严重,总是忍不住和别人比较,使自己感到较大的压力,可以建议同学寻求专业的心理咨询,探讨如何更好地拥有健康的心态,增强心理抵抗力。第四,引导同学坚持自己的独特性。每个人都有自己的独特性,心理委员要引导同学多关注自己的优点和长处,保持自己的节奏,没有必要去模仿别人。

282. 同学不喜欢自己能胜任的就业方向怎么办？

如果同学不喜欢自己能选择的就业方向，又不认可自己从事其他领域工作的能力，心理委员可以从以下几个方面给他提出建议。第一，积极探索其他的职业选择。引导同学思考他的兴趣和技能，尝试探索其他的职业选择。第二，提升自身能力素质。参加培训课程或进修课程，提升自己的能力和竞争力，以便有更多的工作机会可以选择。第三，增强自信心。建议同学多关注自己的优势和价值，增强自信心，让同学意识到自己也可以胜任其他方面的工作。第四，寻求专业建议。鼓励同学向学校就业指导中心的老师寻求帮助，得到更专业的建议和指导。第五，打破思维束缚。不要被既定的标准和规范所束缚，开放思维和想象力，在新的领域探索机会。

283. 同学因所学专业对口的工作岗位收入低而苦恼怎么办？

如果同学因所学专业对口的工作岗位收入低而感到苦恼，心理委员可以从以下几个方面帮助同学。第一，建议同学充分了解市场需求。同学需要对将来可能从事的职业进行深入了解，包括行业前景、市场需求和薪资情况。了解市场需求，可以帮助同学在进入工作之前更好地规划适合自己的职业发展道路，找到更好的发展方向，从而在学校学习时有侧重地向该方向靠拢。第二，建议同学提升技能和经验。例如,通过参加实习活动或课程培训提升技能水平,积累工作经验,提高自己的竞争力。第三,建议同学为非对口岗位做好准备。鼓励同学积极提升自己的综合素质,如果未来对口工作领域的薪资待遇确实不能满足同学的期望,可以尝试寻找非对口岗位的工作机会。

284. 同学觉得提升学历更好就业但读研经济压力又太大怎么办?

如果同学觉得不考研、不提升学历就找不到工作,心理委员可以从以下几个方面进行引导。第一,鼓励同学多了解就业现况。在现实中考研并不是学生的唯一选择。确实有一些行业要求研究生学历,但也有很多行业并不要求研究生学历,同学可以在招聘网站进一步了解目标行业的招聘要求。第二,鼓励同学强化自身能力。如果同学认为自己的求职竞争力不足,可以建议他进一步加强自身能力培养。例如,通过加强专业知识和技能学习、提高外语水平、丰富实习经历等方式提高自身能力。第三,引导同学形成正确的择业观。学历不是企业选择人才唯一考虑的因素,可以鼓励同学结合自己的兴趣爱好和优势,找到符合自己的职业方向。

如果同学确实是希望通过读研来提升自身的专业知识、技能水平,但读研期间的生活补助又不足以支撑学费和日常开销,可以从以下几个方面给同学提出建议。第一,找一份兼职。鼓励同学利用业余时间打工增加收入。第二,申请奖学金。学校或相关机构可能会提供奖学金帮助研究生解决财务问题,同学可以向学校或导师咨询相关奖学金的申请方式。此外,同学还可以努力做好科研,积极参加各种学术竞赛,提高自己获奖的概率。第三,寻找其他资助方式。除了学校奖学金,同学还可以寻找其他机构提供的资助。例如,通过参加科研项目来获取津贴、奖金,或者申请国家和地方的各种助学金等。

心理委员要引导同学保持平衡心态,理性看待就业与继续求学之间的关系。

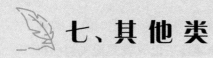

七、其他类

285. 怎样帮助同学缓解焦虑情绪？

针对这个问题，心理委员首先要使用倾听和共情技术，让同学感到被接纳，愿意详细说说自己的情况。其次，要让同学知道焦虑情绪是正常的生理过程，持续时间短，不需要医学处理；焦虑不是只有消极作用，焦虑水平与效率呈倒"U"字形曲线，保持适度的焦虑可提高学习效率和积极性。如果在交流中感觉同学的焦虑状态较严重，或者持续的时间较长，则需要建议同学寻求专业的心理咨询帮助。最后，心理委员可以和同学分享以下克服焦虑的小技巧，以供同学根据自己的情况选择适当的方式。

（1）放松身体。如果感受到了强烈的紧张和不适，最先要做的是放松身体。找个尽量安静、私密的地方，慢慢地延长呼吸、舒展身体，逐一将紧绷的肌肉放松。当体会到放松和紧张的区别时，就找回了自己身体和情绪的控制权。

（2）别上咖啡因和酒精的当。咖啡因具有中枢神经兴奋作用，过量饮用会引发失眠、睡眠障碍等问题；长期酗酒会导致健康受损，醉醺醺的状态也无助于解决现实难题。

（3）抬头看天。有句话说得好："凝望天空时，我们所有的忧虑在宇宙的衬托下都会消解于无形。天空比电子邮件和截稿日期更大，比我们的头脑更大，比日期和时间更大。"当什么都不想做的时候，不妨看看天空吧，让心情平复，找回面对现实的勇气。

（4）断网下线。互联网是造成焦虑的一大元凶。其实，不追八卦、不刷手机没什么大不了的，断网下线也不会让生活"死机"。可以取关那些让自己不舒服的"好友"，屏蔽一些可有可无的通知，生活不会变得更糟糕，反而会渐渐变得清爽。

（5）把大难题拆解成小问题。人倾向于回避使自己感到焦虑的事物，这是再自然不过的事。但问题在于，回避多了就只会导致拖延，而不能有效解决问题。试着把任务拆解成很多小的部分，然后选择让自己最没有压力的那部分去做。应对焦虑最艰难也最重要的就是第一步，迈出这一步，接下来的阻力会小很多。

（6）允许自己犯错。把人生想象成一场游乐园的冒险，而不是一场漫无目的的荒野求生。也许会经历开始时的兴奋与无助，但既然有闭园的那一刻，更多的时间还是要尽可能多地去体验、去冒险，不要害怕犯错。当我们开始对没有体验过的项目充满期待时，它们带来的就不再是恐惧和担忧。

286. 同学总是因拖延而陷入深深的负罪感怎么办？

拖延行为本身就容易导致更多的负面情绪体验。进入大学后，独立生活行为变强，更加自主性的生活方式使得学业拖延的情况更易发生。学业拖延的原因多种多样，心理委员首先应该耐心倾听同学的实际情况，与同学一起分析拖延的具体原因以及无法克服拖延的具体困难，提供有针对性的解决方法。例如：充分调动身边的同学形成良好的学习氛围，促使同学投入学习；培养同学对待学业任务的组织性、计划性和条理性，从而极大地减少拖延出现的可能性；通过引导同学培养学习知识的兴趣来缓解学业拖延，因为在学习过程中兴趣越浓厚、积极性越高，越不容易出现拖延行为。最后，无论之后同学是否主动交流自己的学习成绩，心理委员都要多督促，给予同学更多的关心和鼓励。

287. 同学因为自卑逐渐摆烂怎么办？

从这个问题中可以看出，同学的自我效能感较低。自我效能感是班杜拉提出的重要理论，它决定个体在完成各项活动的过程中，对自己的能力所持有的态度和信念，继而决定个体的行为和努力程度，这直接关系到个体的表现和成就。班杜拉认为个体的自我效能感受到个体行为的成败经验、替代性经验、言语说服以及情绪状态因素的影响。通常在面对困难和困惑的时候，言语说服和鼓励是最有效的增强自我效能感的方法，但是心理委员在使用言语说服时要注意：言语说服必须以已知的事实为依据，同时还要注意心理委员的措辞和角色的适宜性。另外，情绪状态是指个体在面临某项任务时所产生的心理反应，一般情况下，当个体体验到紧张、焦虑等消极的情绪状态时，往往会低估自己的实际能力，做事缺乏自信心且犹豫不决，最后不能很好地完成任务。

心理委员需要详细了解同学自卑的原因，他认为自己哪些方面差，在哪些方面开始摆烂。同学也可能是因为受到了不良情绪的影响开始自卑摆烂，心理委员可以通过安抚同学的情绪帮助其增强动力。例如,可以陪他做一些常见的放松活动,如腹式呼吸、体育锻炼、旅游、散步等。心理委员的陪伴本身就有很强的疗愈功能。心理委员还可以搜集一些刻苦努力的成功案例,最好是身边熟悉的学长学姐的例子,鼓励同学继续拼搏奋斗,最后也会像他们一样实现自己的目标。让同学明白,大部分的成功都不是轻而易举能获得的,找准短板、查缺补漏、战胜惰性是大多数平凡人通往成功的秘诀。

288. 如何帮助因自卑不敢与人交流又深感孤独的同学?

同学因为自卑不敢与人交流,但有时内心却很孤独。针对这个问题,心理委员可以让同学详细说说为什么自卑,如果同学愿意的话可以鼓励同学详细说说在哪些方面感到自卑。如果能够抓到自卑的根源,从源头解决,同学克服自卑之后便不会不愿与人交流,也不会因此而感到孤独。心理委员也可以根据具体的事件帮助同学客观地分析可以改善自卑的方面,避免同学陷入无助而无法冷静地分析事实。同学很可能仍然不习惯交流得如此深入,心理委员此时更应对同学保持耐心,让同学认识到这个年龄段感觉孤独是很常见的。大学生正处于埃里克森人格发展学说的第六阶段(18~25岁),这一时期人格特质的发展任务是获得亲密感、避免孤独感,体验爱情的实现和融入社会,建立和维持与他人满意的人际关系,以从中获得激励、自信和归属感。然而,有些同学因为缺乏主动交往勇气和自我表达能力而习惯回避,社交能力不足使得这些需求时常难以得到满足,因而与其他年龄阶段的人相比大学生孤独表现得尤为强烈。同学能够向心理委员求助说明同学有很强烈的改变现状的需求，心理委员要耐心倾听，安抚同学的情绪，并主动邀请同学参加今后的日常活动，帮助同学积攒成功的社交经验。与班上的同学慢慢熟悉后同学的孤独感会逐渐减少，也学会了与其他同学交往的技巧。

289. 无法准确找到引发同学不良情绪的根本原因怎么办？

引发同学情绪的原因很多，同学在情绪不好的时候，大多数情况下不是一件事情引发的，很可能是各种事情长期堆积、积攒导致的。同学找到心理委员通常会说很多，但却显得没有条理，此时心理委员不需要给自己太大的压力，帮助同学舒缓情绪不一定要找到其中的根本原因。有时候可能同学自己也无法说清楚是哪一件事起了决定作用。心理委员可以与同学一起探讨此时最想解决的问题是什么，耐心地帮助同学梳理目前遇到的困难，一起化繁为简，慢慢想出应对的方法。心理委员此时共情的态度对同学也是一种安慰。

290. 怎样帮助异性同学？

针对性别差异，心理委员制度设置了每班男女心理委员各一名，但实际工作中由于班级男女比例不同，可能不能保证同时设置男女心理委员，导致同学遇到困难时不能找到同性别的心理委员。

作为异性心理委员,面对同一件事有不一样的看法是很正常的现象,但这并不是异性心理委员的劣势。就算是同性别的心理委员,可能也会有和同学不一样的看法。处于消极情绪中的同学看待事情容易片面,此时同学找到异性心理委员,证明他也没有那么看重性别差异这个问题。心理委员可以真诚地说出自己的想法,与同学深入探讨。此时不一样的看法可能正是同学想要综合考虑的内容。与同学交谈时的真诚和善意在很多时候比一些技巧更加奏效。

291. 怎样处理同学不信任自己的情况?

有同学很难信任心理委员并无法对心理委员敞开心扉,这也是很正常的。每个人都有自己的隐私和烦恼,不一定愿意与陌生人分享,因此心理委员的一项重要工作是要做到能够与班上大部分的同学互相熟悉。同时,心理委员也需要尊重同学的选择和隐私,不强迫他们倾诉。但是,心理委员的职责之一是提供一个安全、私密的交流空间,如果同学需要帮助和支持,心理委员可以全力以赴地帮助他们,维护他们的隐私和尊严。同学也可以从自己的角度考虑,是否真的需要找人倾诉,是否可以相信心理委员。如果同学们有任何的顾虑或疑虑,也可以先与心理委员进行沟通,了解心理委员的工作职责和保密原则,以便做出更明智的选择。因此,如果暂时还没有同学向心理委员求助,心理委员也不要因此而失去工作动力,可以先从向同学介绍心理委员的职责做起,一步步慢慢与同学建立信任关系。心理委员也要反思自己的工作方式是否太生硬,有没有更容易被同学接受的方式可以借鉴。将功夫建立在平时,努力抓住机会提升自身的助人技能,这样到了同学真正需要心理委员的时候,才能更好地发挥心理委员的优势,服务同学。

292. 如何开导内心敏感、隐藏心事的同学?

要走进这类同学的心里,首先要让他们放下戒备,足够信任心理委员。对于这种情况,心理委员应该尽可能地关心和关注这些同学,帮助同学缓解内心的不良情绪。以下建议供参考。一是给同学足够的关注和支持。多留意这些同学的言行举止,尝试与同学交谈,询问他们的近况,让同学感受到心理委员的关心。适当提醒这类同学的室友和朋友多带领他们参加集体活动。二是提供情绪管理方面的建议。为了帮助这些同学缓解内心的不良情绪,可以给他们分享一些情绪管理方面的技巧。比如可以鼓励同学通过锻炼、冥想、阅读等方式疏解棘手的情感问题,减轻压力。三是建议同学寻求专业的辅导和支持。如果这些同学内心情绪难以化解,严重影响了日常生活和学业,心理委员可以建议同学寻求专业的辅导和支持,比如联系校内咨询服务中心或医疗机构,获得更加适当的帮助。总之,对于内心敏感的同学,心理委员应该尊重同学的情感,提供足够的关注和支持,并在需要的时候引导同学寻求更加专业的帮助。心理委员也应该在平时多注意同学的情绪动态和心理健康状况,不能因为同学平常嘻嘻哈哈就减少对他们的心理问题的关注,形成工作死角。

293. 怎样帮助从少年时期就开始沉迷游戏的同学？

沉迷游戏是一种普遍存在的问题，许多人都会遇到这个问题，特别是年轻人。游戏的娱乐性和互动性是许多人喜欢打游戏的原因，但如果打游戏成为消磨时间的唯一方式，可能会影响到一个人的生活和健康，包括学习成绩、社交能力和心理健康等方面。

如果心理委员担心同学已经沉迷游戏，首先可以尝试跟同学沟通，告诉他你担心他的健康和未来，表明你在乎他的感受，对他的行为有所担心，同时提供一些建议，比如限制游戏时间，寻找其他的兴趣爱好，多参加社交活动等。最重要的是要让同学理解，治疗沉迷游戏不是一件容易的事情，同学自己也需要意识到这个问题并愿意采取行动。如果情况非常严重，建议寻求心理咨询师或心理医生的支持。

其次，心理委员对于同学的陪伴也很重要。作为一名心理委员，下面是一些可以考虑的陪伴同学的方法。一是留意同学的情绪变化。在与同学交流时，留意他们的情绪变化，了解他们的思维方式和感受，听取他们所需要的支持，并为其提供合适的支持。二是开展团体活动。心理委员可以组织团体活动以帮助同学互相支持和交流，同时，心理委员可以在活动中引导同学分析和处理情感问题。三是提供心理咨询。如果同学遇到心理问题和困惑，心理委员可以提供必要的支持，帮助同学分析问题、解决问题或者引导同学去寻求专业治疗。四是关怀同学。在平常的日常中，心理委员可以关心同学，跟他们保持联系，提供必要的关爱和支持，这样能让同学感受到被关心和支持，并且有助于他们在遇到困难时能更容易地接受帮助。需要注意的是,在陪伴同学的过程中,心理委员需要保护好同学的隐私,遵守保密原则,并根据实际情况选择适合的陪伴方式。

最后,心理委员也要清楚,沉迷游戏这件事并非仅靠心理委员的力量就可以解决的,预防游戏沉迷家长的作用不容忽视。家长应该认识到游戏成瘾的严重危害并加以引导与约束。例如:多陪伴孩子,带孩子参与一些有益于身心健康的活动,包括体育锻炼、阅读、音乐等,给孩子提供丰富的社交与生活经验;每天控制孩子打游戏的时间,并设定规范化的游戏时间段,监督其游戏内容,不要让游戏成为孩子日常生活的全部;不让孩子在中小学时期带手机或其他游戏设备去学校,学校也应规范管理游戏设备,禁止学生在校内游戏;家长也要和学校加强沟通,对沉迷游戏的学生采取特殊措施,帮助他们战胜游戏成瘾。总之,让孩子摆脱沉迷游戏需要从小做起,也需要家长和学校共同努力,鼓励和引导孩子多参与各种活动,帮助他们充满自信和活力地面对未来的生活和挑战。

294. 发现有同学被诈骗时应怎么做?

如果发现同学被诈骗了,心理委员应该及时采取行动,帮助同学尽早止损,以下是一些应对措施。第一,鼓励同学向身边的亲朋好友寻求帮助和支持。当面临重大经济损失时,及时与身边亲友沟通,寻求心理上和物质上的支持,是化解相关恶劣影响的有效途径。第二,安抚同学的情绪。让同学知道他不是唯一的受害者,不要过度自责或羞耻。第三,协助同学收集被骗信息,协助警方进行调查。要及时联系银行冻结账户或办理相关手续，避免损失进一步扩大。针对不同的诈骗方式，可以向不同的部门或组织求助，如电信诈骗可以向中国电信求助，网络诈骗可以向网警举报等。第四，帮助同学认清骗子的常用套路，避免下一次被骗。心理委员也要教育其他同学如何警惕诈骗，避免成为下一个受害者。

总之，从现实的角度来看，同学被诈骗是一件不幸的事情，心理委员应该及时采取行动，防止损失进一步扩大；从身心健康的角度看，被诈骗是经历了一场重大的心理创伤，关注同学的心理变化是心理委员的职责所在。

295. 同学不配合心理委员完成心理学调查怎么办？

有些同学因为不信任心理咨询与治疗，认为心理学调查无意义，所以不愿意配合心理委员完成心理调查。这种看法可能是由于同学对心理学的误解或者对心理咨询与治疗的不理解所导致的。实际上，心理学是一门研究人类心理现象及其影响下的精神功能和行为活动的科学，旨在帮助人们更好地理解自己和他人。心理咨询与治疗则是心理学的应用，通过与专业心理咨询师或治疗师的交流和接受治疗，改善情绪状态，增强自我认知能力，减轻心理压力，提高生活质量。因此，心理委员可以建议那些不信任心理咨询与治疗的学生主动了解心理学的知识和原理以及心理咨询与治疗的方式和效果。心理委员也可以多向这些学生普及心理健康知识，介绍心理调查的原理及其科学性。心理委员在向同学发放调查问卷之前可以多向相关老师了解问卷的有效性和科学性资料,在发放调查之前向同学作简单介绍,解除同学的一部分顾虑。

296. 如何结合同学的表现和求助时的陈述做出合理判断?

有的同学平时表现很正常,却突然向心理委员求助说自己有些抑郁,压力很大,心理委员该如何判断同学的真实情况呢?

对于这种情况,心理委员要认真对待。同学平时没有表现出异常可能是出于自我保护,隐藏了不好的状态,也可能是不知道怎样向外界求助,并不能说明同学的状况不严重。心理委员应该尽可能给同学提供一些帮助和支持。第一,多倾听和关注。平时可以多和这位同学聊天交流,倾听他的想法和感受,关注他的情绪变化,让他感到被重视和关心。第二,给予正面心理暗示。适时给予同学正面的鼓励和认可,让他感到自己是值得被尊重和重视的。第三,积极共情。向同学表达同理心,让他认识到人都会有情绪低落和焦虑的时候,从而更加坦诚和放松。第四,提供资源和建议。向同学推荐一些心理学方面的图书或者文章,帮助他更好地认识和理解抑郁症和压力等问题。如果有必要,也可以给他推荐学校心理健康服务中心的专业心理咨询师或治疗师。需要注意的是,在开导过程中一定要尊重同学的感受和隐私,不要强行劝说或过度关注他的情绪,尽力在不干涉同学隐私的前提下提供帮助和支持。

297. 怎样帮助同学面对挫折和压力?

受挫能力低或经常给自己施加压力是一种常见的心理问题,以下解决方法供心理委员参考。第一,帮助同学认识自己。语言或肢体的自我诱导是很常见的,可以倾听同学的自我对话,揭示同学的自我评价和对自己的期待,了解同学的价值观和内在价值。第二,提供支持和鼓励。鼓励同学采取积极的措施面对挫折和压力,比如尝试新事物、与朋友交流、参加压力调节工作坊、进行身体锻炼等。三是分享心理健康知识。给同学分享一些具有针对性的心理健康知识,让他认识到压力和挫折产生的原因和机制,明白在任何情况下都应该保持心态平静稳定。第四,建议同学寻求专业帮助。如果需要,可以建议他寻求学校心理健康中心的帮助。

值得注意的是,这些问题的解决需要时间和努力,外界的支持和鼓励往往具有十分重要的积极作用,孤立和空虚感等情感更可能加剧压力和挫折。

298. 怎样应对心理委员的多重任务压力?

心理委员在心理健康教育中扮演着多重角色,可概括为以下四类:自身心理健康维持的示范者;心理健康基本知识的宣传者;心理危机问题学生的发现者;同学心理健康维护的支持者。心理委员既要完成学习任务,还要肩负心理委员的职责,同一时间任务太多感到压力过大是很正常的,以下解决方法供参考。第一,制订合理的时间表。将任务安排进时间表,注意给每项任务分配足够的时间,并合理安排任务的优先级。第二,寻求帮助。如果感觉自己无法胜任某项任务,可以考虑向老师、同事、家人或朋友寻求帮助和支持。第三,采用有效的时间管理技巧。例如,减少社交媒体和游戏时间,专注于重要任务,学会将大任务拆分成具体的小任务等。第四,进行身体锻炼。适度的身体锻炼可以减轻压力,缓解焦虑和紧张情绪,维持健康的身体状态。第五,学习放松技巧。常用的放松技巧有深呼吸、冥想、瑜伽等,有助于减轻压力和恢复精力。

需要注意的是,每个人的情况不同,需要根据个人的实际情况采取相应的解决方法。当心理委员出现严重的压力和焦虑症状时,建议尽快寻求专业的心理健康帮助。

299. 如何引导性格顽固、思想偏激的同学?

如果有同学性格顽固、思想偏激,需要进行适当的引导和辅导,以下是一些心理委员可以使用的方法和建议。一是建立信任和沟通机制。建立起与该同学的信任关系,和同学建立良好的沟通机制,充分了解其想法和要求,从而更好地引导他。二是找出问题的根源。了解同学思想偏激、性格顽固的原因,例如,是过去的生活经历还是生活环境所致等,这有助于更深入地理解和更好地引导他。三是提供合理的观点。提供正面积极、客观合理的观点,让同学对自己的思想有所反思,缩小差异。四是推动行动。鼓励同学积极参与一些项目和活动,尝试一些新的思维方式,这有助于改变他偏激的思想。五是慢慢引导。人的思想的改变往往不是一蹴而就的,需要逐步引导和协调。此外,重要的是耐心和同情,了解和理解顽固思想的复杂性,切勿采取短暂措施,应充分考虑到成长过程的复杂性,注重科学引导。

300. 怎样处理心理辅导时聊不深入这个问题?

针对在心理辅导时和同学聊不深入的情况,心理委员可以尝试以下方法。一是换个话题。如果聊某个话题时感到尴尬,可以尝试换个话题;或者让同学表达自己的感受,心理委员在更了解同学的基础上找到更好的话题。二是给予支持。心理委员最重要的任务是倾听和支持,即使聊不深入,只要给予同学足够的支持和关心,也是有意义和价值的。三是创造放松的氛围。焦虑、抑郁等心理问题可能会导致同学难以自我表达,在这种情况下,心理委员要尽可能尝试创造一个放松、温馨的氛围,让同学感觉舒适,慢慢地打开自己的心扉。四是给予时间。有些同学可能需要更长的时间才能打开自己的心扉,在这种情况下,心理委员要耐心等待,给予同学更多的时间。总之,在心理辅导中,心理委员需要尽力去理解和支持同学,让他感到被重视和关心,这是顺利开展心理工作十分重要的一个环节。

301. 同学只是口头接受建议但总是不实施怎么办?

这种情况可能涉及许多因素,常见的因素如下。一是怯懦。有些同学可能害怕面对挑战,担心失败或受到批评。虽然同学了解解决方法,但可能容易受到自己的情绪以及周围人的影响,因而迟迟未行动。二是缺乏动力。有些同学知道自己该做什么,但却没有强烈的动力去付出实际行动,没有发现行动的重要性或者目标价值。三是缺乏时间和精力。有些同学可能没有足够的时间和精力去完成任务,他们可能感到疲倦或者对任务无所适从,因此没有付出行动。四是环境。有些同学可能处于困难的环境中,例如,有家庭问题、经济问题或其他状况,这些因素可能妨碍同学付出实际行动。

以上这些因素都可能是同学未付出实际行动的原因。为了帮助同学克服这些困难,心理委员可以提供一些支持。例如,引导同学面对挑战,帮助他们找到动力和目标,鼓励同学规划时间,以及提供必要的资源支持。同时,心理委员应该注意,解决问题往往需要一定时间和耐力,一次成功并不代表问题得到了彻底解决,需要持续地关注和支持同学持续努力。

302. 如何处理班级同学之间信任感不强这个问题?

班级同学之间信任感不强的原因可能有很多,下面列举几种最常见的原因以及对应的解决方法。一是缺乏沟通。同学之间可能没有足够的交流和互动,对彼此并不够了解,容易产生误解和猜疑。这种情况心理委员可以加强班级的社交活动,促进同学们互相了解,在日常交往中多交流、多沟通。二是竞争心理。同学之间存在着竞争心理,谁都希望自己获得更多的成功和荣誉,这容易导致相互之间的猜忌和敌对情绪。解决方法是强调班级荣誉感,让同学更多从团队的角度思考问题,而非个人。三是信任被破坏。班级可能出现了一些负面事件,比如有人做了不正当的事情,导致同学对某些人的信任度降低。解决方法是及时合理地处理这些事件,让同学对问题和人员的处理感到公正,以此来保障班级中每个人的权益。四是消极情绪。在学习和生活中遇到挫折,有些同学可能会产生消极情绪,缺乏自信,容易对周围的人产生不信任感,此时心理委员要鼓励同学互相支持,共同面对困难,提高大家的团队合作意识。

在加强班级信任感的过程中,更重要的是建立班级的共同价值观和信念,这需要辅导员和心理委员通力合作,共同引导同学的思想,培养同学的责任感,使班级氛围更加团结、积极向上。

303. 同学在心理测试中呈现异常状况怎么办?

如果班级同学在心理测试中呈现异常状况,心理委员需要采取以下措施。一是寻求专业帮助。如果同学呈现出严重的心理问题,心理委员应该及时汇报给心理辅导老师,及早找到专业的心理医生或心理咨询师进行干预和治疗,帮助同学恢复身心健康。二是私下关注。班主任或心理委员应该私下关注这个同学,并了解同学面临的问题和情况,提供必要的支持和帮助,让同学感受到团队的温暖和关爱。三是鼓励交流。班级同学应该相互支持和鼓励,积极参与心理交流活动,帮助同学认识自己和他人,学会正确表达和处理情感。四是加强心理健康教育。心理委员可以邀请心理医生或心理咨询师给同学们进行更细致和专业的心理健康教育,加强大家对心理问题的认识,帮助同学正确认识自己的情感和心理状况,从而更好地解决问题。

304. 怎样帮助有心理问题的舍友？

如果舍友有心理问题，心理委员需要采取以下措施。一是观察和了解情况。如果舍友呈现出一些异常行为或情绪状况，心理委员需要仔细观察和了解情况。也可以和其他舍友或同学沟通交流，从而掌握更多有效的信息。二是建议寻求专业帮助。如果同学的情况比较严重，建议他及时找心理医生咨询或治疗。三是提供关怀和支持。对于有心理问题的舍友，最关键的是提供相应的心理关怀和支持。除了自己外，心理委员还可以鼓励其他舍友多陪伴他，通过集体的支持和鼓励，让同学感受到室友的关爱和温暖。四是加强心理健康教育。心理委员可以在宿舍和班级加强心理健康教育，鼓励大家学会自我解压，提高心理素质。

305. 怎样帮助一遇到困难就焦虑的同学？

如果同学一遇到困难就焦虑，心理委员可以这样开展工作。一是耐心倾听。心理委员首先要做的是倾听同学的情绪和心声，给予同学足够的理解和支持。和同学进行沟通交流，帮助同学发泄情绪，疏解内心的焦虑和不安。二是分析问题。协助同学分析问题，找出问题的症结并寻找解决方案，同时鼓励同学要有信心和勇气去面对和解决困难。三是寻求其他帮助。如果同学自己无法解决问题，心理委员可以提供自己力所能及的帮助或引导同学去寻求专业的支持。例如，可以提供任务方面的帮助或鼓励同学去参加相关培训或活动。四是给予鼓励和表扬。鼓励同学在困难面前坚定前行,对于同学取得的成绩,要给予充分的认可和表扬。总之,心理委员应该理解和支持同学,并帮助同学分析和解决问题,适时给予鼓励和表扬,让同学能够保持积极的心态去克服困难并迎接挑战。

306. 怎样判断同学的改善情况是不是暂时的?

暂时的改善和实际的改善确实有很长一段距离,因为暂时的改善可能只是一时的情绪释放,而实际的改善需要时间和实际行动来证明。暂时的改善往往是表面的,可能只是为了掩盖自己内心的真实情感,或是为了给自己安慰或释放压力。实际的改善更多是建立在对现实问题深刻认知之上的,需要深入思考和深层次的内心自我探索。实际的改善需要与现实相符合,不能只是口头上说说而已,更需要实际行动来证明自己内心真正的想法和态度。例如,在面对工作、学习或人际关系等方面的挑战时,能够开放心态,勇于尝试并不断努力进取。因此,心理委员和同学应该在理解暂时的改善和实际的改善的基础上,积极地思考和行动,不断寻求真正的改善之道。

307. 怎样判断同学常发 emo 朋友圈是否只是为了赶潮流?

Emo 是一个网络流行语,原本是一种情绪化的音乐风格,但到了互联网世界里,被网友衍生出"丧""忧郁""伤感"等多重含义。Emo 朋友圈则是指那些充满忧伤、孤独和迷茫等主题的朋友圈。年轻人喜欢发 emo 朋友圈主要的原因有以下几点。一是表达情感。年轻人的心中常常充满着各种复杂的情感,通过发 emo 朋友圈来表达这些情感和寻求共鸣成为一些人的选择。二是获取关注。发 emo 朋友圈可以引起他人的关注,反过来也能在某种程度上满足自己的情感需求。三是展现与区分自我。emo 文化强调与众不同、个性、独立等价值观,有的年轻人会通过发 emo 朋友圈来展现自我独特的风格和态度。四是显示身份认同。emo 原本是一种音乐风格,发 emo 朋友圈也可能是表达自己对 emo 文化的喜爱和认同。心理委员需要通过与同学多交流来正确判断同学发 emo 朋友圈的动机。其实,过度依赖发 emo 朋友圈表达和交流情感可能会产生一些负面效应,如过度情绪化、陷入孤独和消极情绪等,因此,心理委员应该让同学认识到大学生需要保持理性心态,避免过分依赖发 emo 朋友圈来获得情感安慰和满足。同时,也应该鼓励同学勇于面对自己的情感,通过多元化的方式来表达和交流,而不是依赖于某一种文化或社交方式。

308. 同学情绪不好严重影响食欲怎么办?

情绪确实会影响到我们的食欲和饮食习惯,体重的变化也是情绪状况的重要反映形式。当我们情绪不稳定或处于压力状态时,身体会释放一些荷尔蒙和化学物质,如皮质醇和肾上腺素等,这些物质会影响我们的食欲和饮食习惯。因此,当同学处于紧张或焦虑状态时,可能会产生食欲减退或者增加的情况,有的人还会出现饮食不规律或暴饮暴食的情况，这些都会对身体健康产生负面影响。因此，心理委员要让同学认识到学会控制自己情绪的重要性，并建议同学寻求适当的情绪宣泄方式，如运动、娱乐、和家人朋友聊天等，以避免情绪压力对同学的饮食和健康产生不良影响。

309. 心理委员如何平衡学习和工作安排？

心理委员的工作非常具有挑战性，的确需要平衡学习、工作和日常生活，以下建议供参考。一是制订日程安排。将每天的时间安排好，包括学习、工作、活动和休息时间。也要定期调整日程安排，以保证需求与时间的平衡。二是设置目标。制订清晰的目标能够帮助心理委员更好地管理时间，并根据需要加以调整。三是分配任务。将任务分配到不同的时间段内，可以利用午休时间完成一些容易完成的任务，以便得到更多的闲暇时间。四是管理优先事项。优先安排最重要且紧急的任务，确保这些事项在规定时间内得以完成。五是防止时间浪费。尽可能避免时间浪费，例如，花费过多时间在娱乐软件、社交媒体上或被其他人的事情分心。六是保持身心健康。适当的体育锻炼可以极大地帮助心理委员达到身心平衡的状态，有助于提高学习和工作效率。

310. 怎样给与自己观念差异巨大的同学做思想工作？

同学与自己的三观不同，心理委员不知道怎么去做同学的思想工作。在这种情况下,了解同学的观点并尊重同学的立场是很重要的。在尝试说服同学之前,首先要建立良好的关系和信任,以下是一些可行的建议。一是耐心倾听同学的想法。询问同学为什么持这些观点,听取同学的想法和理由,并试图理解同学的立场。二是适时提出你的观点。在理解同学的想法后,尝试以平和、理性、可信的方式表达自己的观点。三是避免将同学的观点视为错误。尊重不同的观点,避免使用贬低、指责或不尊重同学想法的语言。四是态度要真诚。在与同学交流时,心理委员的态度要真诚、友善,尽量用共情的语言有效地表达自己的想法和观点。

建立良好的关系、尊重同学的立场、平和理性地沟通,是成功说服同学的关键。除此之外,心理委员也需要尊重同学选择的自由,不要强行干涉同学的人生决定。另外,心理委员还需要根据情况进行判断;如果这个问题对同学的身心健康暂时没有影响,可以充分尊重同学的意见,避免过多的干预;如果这个问题涉及同学的生命安全等紧急情况,应在告知同学的情况下将情况反映给辅导员或心理咨询专业人士,及时进行干预。

311. 怎样帮助过于颓废不愿学习的同学?

如果心理委员发现同学过于颓废,不愿学习,可以尝试通过以下方法帮助同学。一是坦诚地与同学交流。和同学坦诚地聊聊他现在的生活和学习状态,了解他内心的想法和感受,问问他遇到了什么问题,或者有什么事情需要帮忙。二是建议他多参加活动。适当地给他推荐一些有趣的活动,让他有更多的社交和实践机会。同时,也要帮助他规划时间,避免时间浪费和过度放纵。三是督促他制订更明确的目标。和他一起制订具体的目标和计划并定期跟进进度。还可以给他提供一些任务和挑战，激发他的积极性和动力。需要注意的是，目标必须具有可行性和实际意义，不应该过于苛求。四是给予持续的关注和鼓励。多和同学交流，让他感受到周围的关爱和支持，从而更有动力去克服颓废心态，积极面对学习生活。总之，帮助同学从颓废躺平的状态中走出来需要心理委员持续的关心和支持，帮他找到合适的方式方法，定期跟进，激发他在学习和生活上的自我驱动力，建立自律意识和自我提升信念。

312. 怎样开导父母离世的同学？

父母去世对同学来说是一个非常痛苦和难以承受的经历，心理委员可以从以下几个方面为同学提供帮助和支持。一是表达关心和安慰。向同学表达心理委员的关切，让同学感受到心理委员的关心和支持。虽然无法消除同学的痛苦，但心理委员的陪伴和关心能帮助同学慢慢走出情绪低谷。二是提供实际帮助。比如帮同学照顾家里的事情、购买食物等，这些具体的行动可以让同学感受到班级的温暖。三是强调友谊的重要性。让同学知道他并不孤单，他有朋友和社会团体的支持。可以引导同学参加班级同学聚会、学校活动或其他社交互动活动，帮助同学稳定情绪，缓解痛苦。四是引导他寻求专业人士的帮助。父母去世是一种非常重大的事件，有可能会对同学的心理产生长久的影响。因此，建议同学寻求专业心理咨询师的帮助，重新建立心理平衡。总之，面对这种情况，为同学提供思想支持和实际帮助是很重要的，但心理委员也需要尊重同学的感受，让同学知道他并不孤单，再提供必要的支持和建议,让同学尽快回归正常生活。

313. 怎样处理同学频繁借钱且不透露原因这个问题?

如果同学中有人频繁向同班同学借钱而不肯透露原因,作为心理委员可以考虑以下几点。一是不强求其他同学借钱给他。作为同学,心理委员应该尊重彼此的选择和隐私。虽然借钱是一种帮助同学的方式,但心理委员不能强迫同班同学借钱给他,特别是在他不愿意透露原因的情况下。在此时,心理委员需要注意该同学的财务状况和借钱频率是否超出他的承受能力。二是和同学沟通。如果感到困惑或担心,可以和借钱的同学进行沟通,了解情况并寻求解决办法。心理委员可以询问该同学是否有紧急情况或面临财务压力,如果需要帮助,心理委员可以提供一些实际帮助而不是直接借钱给他。三是寻求老师或辅导员的帮助。如果该同学向班级众多同学借钱且不说明原因,借款频率也越来越高,他可能需要更专业的帮助。心理委员可以建议他向辅导员寻求帮助。总之,在遇到同学频繁向其他同学借钱的情况时,需要特别关注该同学的财务状况,尊重彼此的选择和隐私,并考虑合适的方式给予帮助和支持。重要的是,心理委员要确保同学的健康和安全,并尽可能地帮助同学寻找更好的解决方案。

314. 假期发现同学有想自杀的迹象怎么办?

如果看到同学在朋友圈发一些类似自杀的文案和图片,心理委员应该尽快采取行动,因为这可能是一种求救信号,需要有人及时帮助他。以下是应对此类情况的一些建议。一是立即联系同学。尽管在暑假无法见到同学,但心理委员可以通过电话、短信或社交媒体与同学联系,询问情况并表达自己的关心,尽量安排通话或线上视频面对面聊天,平复同学的情绪。二是寻求帮助。如果心理委员认为同学的情况很严重,心理委员可以考虑与其他同学、家长、老师和辅导员联系,询问同学的有关情况,以获得建议。三是帮助同学感受到支持。心理委员可以通过表达关心、鼓励和提供实际帮助让同学感受到支持,如向同学提供电话服务热线、专业医疗服务组织的联系方式等,并积极鼓励同学寻求专业的心理支持和治疗。总之,在这种情况下心理委员需要给予同学足够的关心和爱,并在必要时采取行动,为同学提供帮助和支持。如果心理委员感到自己不能处理好此类情况,要积极寻求外界支持。

315. 心理委员难以调节自身情绪怎么办?

心理委员可以去开导别人,但却开导不了自己,这是一种很普遍的情况。因为虽然心理委员可以看到别人的情况,但却很难冷静地看待自己的问题。以下是一些帮助心理委员自我开导的建议。一是意识到自己需要帮助。承认有问题是解决问题的第一步。心理委员需要理解自己的情况并承认自己需要帮助。二是与他人交流。将自己的情况与朋友、家人交流,获取安慰和建议。有时候来自他们的建议,可以为心理委员提供看待问题的不同角度。三是寻求专业帮助。专业辅导员、心理医生或咨询师可以给心理委员提供具有针对性的建议,有助于心理委员探索问题的根源并找到解决问题的方法。四是练习正念冥想等放松技巧。正念冥想、深呼吸或其他放松技巧可以帮助心理委员减轻压力和控制情绪。五是建立自我疏导机制。尝试寻找适合自己的解压方式，比如运动、听音乐、写日记等，找到对自己来说最有效的疏导方式，并形成稳定的机制。心理委员是同学自身心理健康维持的示范者，维持自身的心理健康不仅是职责所在，也是更好地为班级同学服务的前提。

316. 心理委员开展班级全体成员参与的活动难度大怎么办？

开展班级全体成员参与的活动可能存在两方面的困难：一方面是人数较多，在协调活动时间等方面存在一定的难度；另一方面是班级活动吸引力小，同学参与意愿不高。针对此类问题，心理委员可以从以下四个方面入手。一是明确活动目的。组织活动的目的包括建立情感关系、加强情感联结、展现个人风采、减轻学习压力、促进自我成长及凝聚团体力量等多方面，心理委员要向同学明确活动的目的，让同学认识到活动的重要性及意义。二是选择活动内容。心理委员在组织活动时，要充分考虑到成员的个体差异，与成员共同讨论确定活动内容。三是确定组织形式。心理委员需考虑到成员人数、场地设施及环境条件等方面因素，选择适当的组织形式。四是收集同学反馈。在活动完成后，心理委员可以通过集体分享、个别询问或问卷调查等方式收集同学的反馈，为下一次活动组织积累经验。

317. 同学长时间哭泣、有自残行为怎么办?

大学生中常见的一般性心理问题基本上可由经过心理健康理论与技能系统培训的心理委员做初步处理,并通过学生之间的心理互助得到解决。但是,心理委员的作用是有限的,当遇到超出自身能力的问题时,心理委员应及时与专业心理咨询师及相关人员联系,将同学转介至专业老师,让其接受更加专业化的帮助和干预。同学长时间哭泣、有自残行为等就属于这类问题。

318. 如何帮助同学预约到心仪的咨询老师?

随着高校心理咨询的不断发展,越来越多的同学会选择心理咨询解决心理困扰,因此高校确实存在预约时间长、心理咨询老师不足等问题。针对同学预约不到心仪的心理咨询师这个问题,心理委员可以根据同学的实际情况判断是否需要与心理咨询中心沟通协商。心理委员可以先询问同学是否可以接受其他心理咨询师,并告诉他高校的心理咨询师均较为专业,面对同学们的心理困扰均会提供真诚、耐心的帮助。如果同学坚持指定这位心理咨询师,且遇到的心理困扰并不严重,心理委员可以稳定同学情绪、维持同学的正常学习生活,那么心理委员可以请同学耐心等待,并告知同学在等待专业咨询的这段时间内,心理委员会始终陪伴他,有任何问题都可以及时沟通;如果同学坚持指定这位心理咨询师,并且遇到的心理困扰较为严重,心理委员确实不能解决,这时需要及时联系心理咨询中心,等待心理咨询中心安排,并在此期间多多陪伴同学,稳定同学的情绪。

319. 同学因咨询地点较远不想去怎么办?

针对咨询地点较远而不想去这个问题,心理委员可以从两个方面入手。一是线上咨询。询问心理中心是否开展了线上咨询,并询问同学参与线上咨询的意愿。随着高校心理咨询中心的不断发展,也逐渐增加了线上咨询的方式,以拓宽咨询渠道,满足同学的不同需求。二是持续关注同学的状态。保证同学在未去心理咨询中心接受帮助之前可以持续获得心理委员的支持与关怀。

320. 如何帮助同学掌握更多的心理健康知识?

针对此问题,心理委员可以从组织活动和组织知识学习两方面入手。首先,心理委员应关注心理健康知识普及相关资源平台,将相关链接、学习方法及心理知识等内容分享给同学,为他们提供了解心理健康知识的渠道。其次,心理委员可以利用手册、宣传报、画报、讲座等形式,让同学学习有关心理健康的基本知识和心理保健的基本方法。最后,心理委员可以组织同学参加观影、素质拓展等活动,将心理健康知识与同学的实际生活联系起来,让他们在观察学习和实际锻炼中深入了解心理健康知识,掌握心理保健的方法。

321. 同学有心理困扰却不愿找心理委员帮忙怎么办?

针对此问题,心理委员需要分析可能的原因,再针对不同的原因采取不同的解决办法。首先,同学可能并不相信心理委员可以保护自己的隐私。针对这个原因,心理委员需要在平时的生活中注意自己的角色定位,注重培养真诚、可靠、热情、尊重等个人品质,注意个人言行,树立可被同学信任的班委形象。其次,同学可能并不相信心理委员可以解决自己的心理困扰。心理委员需要加强专业素质的提升,积极学习相关专业知识,参加相关专业培训,并将理论用于实践,在实际锻炼中不断积累解决问题的策略与经验,不断训练解决问题的思维。最后,同学可能性格内向被动,不敢主动寻求帮助。针对此原因,心理委员要选择主动关怀,一方面可以通过观察了解其学习和生活情况,发现可能存在的困扰,思考相应的解决办法;另一方面可以通过与其身边的舍友、亲近的朋友、老师等进行交流,了解其可能遇到的问题,并寻找可利用的支持资源。面对内向被动的同学,心理委员需要更加真诚、耐心,为同学营造安全的氛围和环境。在交流过程中,心理委员要注意循序渐进,多多鼓励同学,为同学提供支持力量。

322. 如何帮助同学克服自卑心理?

大学生产生自卑心理的原因包括学业失败、生活挫折、目标设置不合理、自我评价不合理、性格特点、家庭环境等。想要帮助同学克服自卑心理,心理委员首先要准确识别同学的自卑心理。大学生自卑心理的表现形式是多种多样的,常见的表现形式有缺乏自信、兴趣淡漠、思想消沉、情绪低落、意志减退、敏感多疑、孤独寂寞、内心苦闷、谨小慎微、行为被动、回避交往、唉声叹气、经常失眠等。大学生的自卑心理会给他们的学习、生活、人际交往和身心健康等诸多方面带来消极影响,严重者会导致身心疾病。其次,心理委员在和同学沟通交流时要善于鼓励、支持,帮助其正确认识自我,合理设置目标,正确看待挫折和失败。再次,心理委员要利用或创造可以让其获得成功体验的机会,鼓励其勇于尝试,挖掘自己的潜能与优势,在实践锻炼中提升自我效能感,减少自卑心理。最后,心理委员要善于发挥集体的作用。马卡连柯提出的平行教育原则,强调个体教育应和集体教育相结合。一方面,心理委员可以利用集体的力量影响个体,通过建设良好的集体来促进机体内成员的成长与发展;另一方面,心理委员也可以通过化解个别同学的自卑心理来促进集体的建设,加强集体凝聚力,形成良性循环。

323. 男心理委员开展工作比较困难怎么办?

男心理委员开展工作较为困难,主要存在以下两方面的原因。一是人格类型及性格特征。研究发现,女心理委员与男心理委员相比更为外向、热情、乐群、轻松兴奋、细心敏感、感情用事、富于想象,而男心理委员比女心理委员更积极独立、固执己见。在选择心理委员时,一般偏向于积极、乐观、开朗,具有良好的心理品质和较强的心理自助能力,善于与人沟通,富有爱心,具有较好的语言表达能力等特质的人,这似乎更符合女性的优势。针对此原因,男心理委员可以通过专业培训及日常训练提升自身胜任力,在发挥自身个性优势的同时,也要努力克服自身不足。二是性别刻板印象。由于刻板印象的影响,同学们可能不自觉地会更信任女心理委员,使得男心理委员没有发挥作用的机会。针对这一原因,男心理委员可以从日常的生活小事做起,以真诚沉稳、尊重理解、包容关怀的态度对待每一位同学,树立自身的心理委员形象,打破在同学心中的刻板印象。此外,男女心理委员也需相互配合,相互支持,对对方的工作做出客观评价,以便积累经验并及时改进,这也有助于提升同学对心理委员的信任度。

324. 如何帮助同学适应大学生活?

大学新生入校后面临着社会环境、校园环境、生活环境、学习环境等各个方面的变化,需要根据这些变化在生活、情感、心理等各方面进行及时调整,否则会对身心产生负面影响。面对适应性问题,心理委员可以从以下几方面开展工作。首先,心理委员须明确新生适应性问题产生的原因。一般来说,包括人际关系建立困难、学业规划迷茫困惑、生活习惯难以适应等方面。其次,心理委员要针对不同的原因提出相应的解决办法。一方面心理委员可以与其他班委相互配合组织各类活动,引导大家正确看待初入大学的"迷茫期"和"适应期",也为同学创造建立新的人际关系的机会,这也有助于心理委员初步了解班内同学的基本情况,为之后开展工作打下基础;另一方面,心理委员可以以个人或宿舍为单位,分别进行沟通交流,结合同学的自身特点,协调各方面的影响,稳定同学的心态和情绪。最后,心理委员需要掌握心理健康相关知识,帮助同学树立正确的观念,积极探索,在不断尝试中确立学业目标和生活规划。

$325.$ 同学因没有他人优秀而产生过大心理压力怎么办?

针对此问题,心理委员可以从以下几个方面入手。首先,心理委员要能够理解同学,以真诚尊重的态度稳定同学的情绪,为同学创造安全放松的氛围。其次,心理委员要和同学一起分析压力产生的原因,如适应困难、目标设置不合理、自我苛责、自卑等。再次,心理委员需要针对不同的原因,结合同学的个人特点提出不同的解决办法。有些同学会因为不能很快地适应大学生活而屡屡受挫,心理委员要帮助其适应新的学习生活。此外,同学也可能因为对自己过分苛责,设置的期望目标超出自身能力而受挫,这时心理委员要帮助同学客观地分析其优势和不足,肯定其优秀、成长的一面,鼓励其正确看待不足,并尝试提出改进方法。另外,如果同学是因为自卑心理而产生自我否定,心理委员要帮助其正确认识自我,多采取表扬鼓励的方式,帮助同学在肯定他人的同时发现自身的闪光点。从次,心理委员要帮助同学树立正确的成败观及能力增长观。比如帮助同学正确认识自我,设置合理的期望目标,化压力为动力等。最后,心理委员可以借助集体的力量促进个体成长。让同学在集体或小组中互帮互助、共同成长,扩大自己的社会支持系统,同时培养自我教育和自我支持能力。

326. 如何缓解同学的容貌焦虑？

容貌焦虑是现代社会中人们对自己的长相或身材感到不满意而产生的忧虑或苦恼心理。面对此问题，心理委员首先要帮助同学树立动态的审美观，即美或审美在本质上不是一成不变的东西，它是"流动的"，取决于参与其中的各种事物和能动者，是观念及其物化形式的综合。因此，美是一种文化现象，它在一定程度上反映了能动者在或长或短时期内的生活方式及当时的社会生态。其次，心理委员要帮助同学丰富审美标准，拓宽提升个人形象的渠道。事实上，个人形象是身体外形与内在品质的统一，只有将二者相结合才能形成一种吸引力。再次，心理委员要帮助同学正确认识自我。鼓励同学提升内在坚韧性与自信心，将个性和外形相统一的正确认知是自我优化的关键。最后，心理委员可以在班级内开展有关容貌焦虑的活动，如知识讲座、辩论赛、发现"美"等，利用集体的力量缓解同学的容貌焦虑。在此过程中，心理委员要注意同学是否因容貌焦虑出现厌食、抑郁等心理问题，如有此类现象，需联系专业咨询师介入。

327. 心理委员有时不能及时发现同学存在的心理问题怎么办？

由于自身学业压力大和班级同学人数多等因素，心理委员有时不能及时发现同学存在的心理问题。以下几点建议可供参考。

首先,目前高校班级内普遍设置两名心理委员,心理委员之间要相互配合,分工协作。比如根据方便处理的原则,每名心理委员可以结合实际情况固定关注部分同学,以此减轻工作压力。其次,心理委员可以为同学们创造更多反馈问题的机会与渠道,如班级夜话、树洞等形式,以此减少同学因性格内向不敢面对面交谈的困扰。最后,心理委员也要认识到心理委员的作用是有限的,同学会因为隐私、性格、信任等因素而选择自行解决或者隐藏问题。面对这类情况,心理委员要努力提升自身专业能力和专业形象,以真诚温暖的态度面对同学,引导更多需要帮助的同学敞开心扉,积极求助。

328. 心理委员难以及时将上级信息传达给同学怎么办?

上级信息难以及时传达至同学,主要原因应该是心理委员接收信息不及时。针对此问题,心理委员首先要拓宽获取上级信息的渠道,如与其他班级的心理委员相互配合,及时联系,或者时常关注相关老师、公众号等传达的消息。其次,心理委员要密切关注心理委员群或者班级群等渠道发送的消息,以便及时接收信息。最后,心理委员在传达消息时要确保自己理解相关内容,并关注同学的反馈,如是否有不清楚、不合理的地方等,做好上传下达的工作。

329. 如何让同学了解学校心理咨询中心的相关信息?

目前高校心理咨询中心为向同学们普及心理咨询相关服务,一般都设有宣传手册、名片、公众号等,心理委员可以向学校心理中心领取相关资料,再分发给同学。此外,心理委员也可以在平时的活动中普及心理咨询中心相关信息,如在班级群内设置比较醒目的提示等。

330. 同学没有耐心填写选择题太多的调查问卷怎么办?

学生心理状况调查对学校做好心理健康教育工作具有重要意义,然而由于问卷设置以及学生的兴趣和时间等因素,目前仍存在学生不愿意答题或者答题不认真的现象。针对此问题,心理委员首先要注意问卷的设置,如向老师提出合理建议,适当减少选择题的数量,保留最关键的题目,或者分批次测量等,以维持学生答题的注意力,防止学生疲劳和厌烦。其次,心理委员可以设置适当的奖励。如为认真答题的同学准备本子、书签等小礼物,以调动同学的答题积极性,强化同学的答题意愿。再次,心理委员平时要注意关注同学的学习生活和心理状况,设置与同学生活息息相关的调查问卷。如果有条件的话,可以向同学提供问卷调查的结果和结论。面对与自己相关的信息,同学们会更有答题兴趣。最后,心理委员要注意收集同学的反馈,根据同学的反馈及时改进问卷以及调查方式。

331. 心理委员如何开展创新性活动?

首先,心理委员要丰富自己的知识储备,通过阅读活动指导相关书籍,或者请教有经验的老师,寻找新的活动内容。其次,心理委员可以结合同学的反馈将效果良好的活动固定下来，将效果不佳的活动进行再创造。再次，心理委员可以通过电影、电视、媒体、网络等渠道借鉴其他艺术表现形式或者活动组织形式，紧跟时代潮流。最后，心理委员要意识到组织活动的目的并不在于活动形式是否创新，而在于活动内容是否体现了同学的需求，是否可以促进同学的成长与发展。创新在一定程度上可以激发同学的积极性与参与热情，心理委员需要在把握好活动方向、目标的基础上进行改进与创新。

332. 前来求助的同学表达不明确怎么办？

在与心理委员进行沟通时，同学可能会由于情绪激动、内心矛盾、认识不足等原因难以向心理委员清晰准确地表达自己的想法和感受。针对这个问题，心理委员首先要稳定同学的情绪，以包容理解的态度对待同学，让同学放松心情，以稳定的情绪状态表达自己的想法。其次，心理委员肩负着引导同学表达想法的责任，可以通过培训掌握相关的咨询技巧，有针对性地引导同学进行自我探索和自我表达，最终和同学一起找到产生心理困扰的原因并提出应对策略。最后，引导工作并不是一蹴而就的，心理委员需要做到有耐心、有爱心，以平稳的情绪面对同学。

333. 同学认为"有心理问题的人就是不正常的人"怎么办？

心理健康是一种良好的、持续的心理状态与过程，表现为个体具有生命的活力、积极的内心体验、良好的社会适应能力,能够有效地发挥个人的身心潜力以及作为社会一员的积极的社会功能。心理健康状态不是固定不变的,而是一个动态变化的过程。心理健康与不健康也不是泾渭分明的对立面,而是一种连续状态。心理健康与否,在一定程度上可以说是一个社会评价问题。心理健康与有不健康的心理与行为是不能等同的。部分同学认为有心理问题的人就是不正常的人,主要原因在于缺乏相应的知识及经验。针对此问题,心理委员可以开展相关心理健康知识普及教育活动,如联系心理咨询师或者心理老师开展讲座,开展知识问答、辩论赛等活动,发放宣传手册,组织集体观影等,以此引导同学正确看待心理问题和心理疾病。心理委员还可以带领同学参与心理沙盘、心理素质拓展活动等,让同学在亲身体验中感受心理工作的意义与必要性,进而逐渐接受心理健康教育,提升个体心理素质。

334. 如何处理同学装作有心理问题这一情况?

针对这个问题,心理委员首先要谨慎判断同学的"装坏"现象,注意思考其背后的原因。同学如果因为与心理委员关系不良而故意"装坏"扰乱心理委员的工作,这时心理委员需要解决与同学的人际关系问题,消除误会,避免消极影响;同学如果因为内心矛盾纠结而以"假装"的形式掩盖真实的心理困扰,这时心理委员要耐心地与同学交流,引导同学敞开心扉。在此过程中,心理委员要意识到让同学放下防备可能不是一蹴而就的,因此心理委员需要给予同学更多的理解和尊重。其次,心理委员可以通过专业培训及不断学习提升自己的胜任力，以便应对更为复杂的问题。最后，心理委员可以与其他班委配合，加强班级建设，努力建设一个更加积极真诚、相互支持、相互尊重的班集体。

335. 同学与心理委员交流后心理状况并无好转怎么办？

心理委员与同学进行沟通交流后，同学的情绪和状态没有明显的变化，可能有以下几个原因。一是同学需要时间思考消化。同伴交流最终要发挥作用需要同学自身的认识转变及行为转变，存在知易行难的情况，具体表现为同学接受了心理委员的建议，但是要真正做到内化并做出行为上的改变需要时间。二是心理委员并没有帮助同学找到关键性问题或者提出有效的建议。三是同学近期可能遇到了新的问题。

针对以上问题，首先，心理委员要保持良好的心态，理解心理委员工作并不是一蹴而就的，它是一个在曲折中前进、螺旋式上升的过程，因此存在停滞甚至倒退的现象。其次，心理委员可以尝试邀请同学继续沟通，寻找上次沟通未解决的问题或者忽略的问题，了解他是否遇到了新困扰。最后，心理委员在每次交流后都可以邀请同学对此次谈话进行总结反馈，如在交流过程中是否有不舒服的地方、是否有受到启发的地方、是否缓解了不良情绪等，以便及时发现问题，及时做出解答或者为下次交流确定方向和目标。

336. 如何排解同学的心理压力？

目前，大学生因为学业繁忙、职业选择、父母期望等原因承担着较大的压力，心理委员可以从以下几个方面入手有效缓解同学的心理压力。首先，心理委员在与同学交谈的过程中要真诚理解、包容关怀。同学可能因压力过大而情绪不稳定，心理委员需要以积极的心态稳定同学的情绪。其次，心理委员要帮助同学分析压力来源、压力强度等，如同学是否对自己过分苛责，是否因了解不足而夸大了问题的难度以及是否因方法不当而屡屡受挫等，帮助学生正确认识自我和个人能力发展水平，鼓励同学在有一定知识储备的基础上大胆尝试，在实际活动中提升自我效能感，缓解个人压力。最后，心理委员可以教给同学缓解压力的方法，如放松训练、正念冥想等，帮助同学自我放松减压。

337. 如何帮助同学克服社交恐惧症？

"社交恐惧症"又称"社交焦虑障碍"，患者通常害怕在小团体中被人审视，一旦发现别人注意自己就不自然，不敢抬头，不敢与人对视，甚至觉得无地自容；也不敢在公共场合演讲，集会不敢坐在前面，故意回避社交，在极端情况下可能会导致社会隔离。针对社交恐惧症，首先，心理委员可以利用放松训练帮助同学稳定情绪，缓解紧张不安的情绪。其次，心理委员可以与同学通过角色扮演的方法模拟人际交往的情境，帮助同学学习并练习相应的沟通技巧,提升其语言表达能力。再次,心理委员可以加强同学的心理素质教育,锻炼其意志力,培养其乐观积极的态度。从次,心理委员可以营造良好的群体心理氛围,让个体体验到人与人之间的温暖。同学之间相互鼓励,彼此接纳尊重,可以很好地改善自我体验,提高自我接纳和自我评价。最后,针对社交恐惧症程度严重的学生,心理委员可以在与同学沟通好的情况下联系学校心理咨询中心,请专业的心理咨询师介入。

338. 同学填写心理问卷不积极怎么办?

首先,心理委员需要了解同学不积极的原因。例如,同学是否因得不到有效反馈而感觉没有意义,或者是否因形式陈旧、题目不符合具体情况等而不愿意完成。其次,心理委员要善于创新活动形式,贴合现实选取内容,提供充分反馈。例如,心理委员可以充分收集学生的反馈意见,据此改善调查方式、调查内容及调查频率等。最后,心理委员也要注意到调查目的是更好地了解同学们的心理状况。除调查外,心理委员在平日里也可以通过观察、询问身边的同学或者好友等方法获得信息。

339. 同学难以表露出自己的心理问题怎么办?

解决这个问题要求心理委员发挥主动性,有计划、有组织、有目的地收集同学心理状况方面的信息。首先,心理委员可以通过观察同学的日常表现或者走访各个宿舍了解同学的心理状况。例如,同学是否遇到了学业困扰、是否存在人际关系问题、是否存在身体健康问题等。其次,心理委员可以为同学创造表达情绪感受、心理困扰、生活问题的机会。例如,召开主题班会、组织班级夜话、设置心情信箱等。最后,心理委员可以以宿舍为单位定期走访,借助集体的力量加强与同学的交流沟通。

340. 同学不听取心理委员的建议怎么办?

首先,心理委员需要明确同学没有采取他的建议的具体原因。例如:心理委员提供的建议不适合同学的个人特点及行为方式,或不具有针对性和可行性;心理委员提供的建议是可行的,但同学缺乏行为动力和意志力;同学因各种因素的影响导致做出行为后没有获得积极的反馈;等等。其次,心理委员要针对不同的原因提出相应的解决策略。心理委员在提出建议时,要注意和同学一起讨论可能存在的问题以及相应的解决办法,结合同学的个体差异分析建议的可行性并提供示范指导。再次,心理委员可以以鼓励、表扬、激励等正面教育的方式增强同学的自信心和自我效能感。最后,心理委员可以继续邀请同学进行沟通,分析难以行动的原因,以便及时解决问题,制订更为合理可行的策略和计划。

341. 同学寻求心理咨询后并没有收到成效怎么办?

如果需要帮助的同学经过心理咨询后没有收到成效,心理委员首先可以邀请同学再次进行深入沟通,确定更为合理可行的目标及策略。其次,心理委员要以真诚、尊重、理解、关怀的态度面对每一位同学,以积极的形象为同学树立榜样,注重在日常生活中与同学建立良好的人际关系。最后,心理委员在面对难以胜任的问题时,可以在与同学沟通后联系学校心理咨询中心,为同学提供更适合的心理咨询。

342. 心理委员因没有同学向其求助而感到困扰怎么办?

针对这个问题,心理委员首先要正确认识心理委员的工作。心理委员是班委会的成员之一,是学校心理健康教育中心与各班同学进行信息沟通的桥梁和纽带。心理委员的工作职责具有自身的特点,具体内容如下:一是负责收集本班同学的心理健康信息,掌握班级同学的心理健康状况,敏锐观察并及时记录班级同学的心理变化动态;二是积极关注班级特殊人群,对性格孤僻、家庭情况复杂、经济贫困、纪律观念淡薄、学习困难的同学要给予特别关注和帮助;三是对班级有突出心理问题的同学进行初步评估,并及时报告辅导员,或上报到学校心理健康教育中心;四是对本班有心理问题的同学开展帮助和疏导工作。五是做好每个学生的心理健康档案,定期反馈信息。其次,心理委员要提升个人专业胜任力。心理委员可以通过积极参加专业培训提升倾听能力、沟通能力、共情能力等专业胜任力,以便在同学前来寻求帮助时可以提供有效的支持。再次,心理委员要与班级同学建立良好的人际关系。心理委员要加强与同学的交流合作,时常关注同学的学业和生活情况,真诚热情地为同学提供帮助。最后,心理委员要重视班级同学心理健康状况的维护。除了为同学提供心理辅导之外，心理委员还要加强心理健康知识的普及、心理健康状况调查或者组织相关的团体辅导、素质拓展活动等，使班级同学保持良好的心理健康状态。

343. 如何解决同学不明缘由的情绪问题？

针对同学不明缘由的情绪问题，心理委员首先要提升自身的专业胜任能力，掌握一定的心理咨询技术及沟通技巧，以便引导同学进行自我探索，帮助同学梳理自我感受和自我认识。其次，心理委员可以结合同学的日常生活事件，比如学业情况、班级生活或者社团生活、家庭事件、恋爱情况等，帮助同学分析消极情绪的来源，以便更好地应对消极情绪。再次，心理委员可以为同学们提供一些调节情绪的策略，合理宣泄情绪。最后，心理委员也要认识到心理委员发挥作用的潜在性和有限性。针对同学的心理困扰，心理委员能够做到耐心倾听和真诚陪伴，这在很大程度上能够为同学们提供支持和力量。心理委员感到不能胜任时，也可以寻求专业老师的帮助和指导。

344. 因性别差异而无法深入了解同学的心理困扰怎么办？

随着高校心理委员制度的完善和高校心理委员团队的建设，目前高校普遍设置男女两名心理委员。针对性别差异而引起的问题，心理委员首先可以分工合作，相互配合，为同学提供更为舒适安全的氛围,引导同学敞开心扉。其次,心理委员需要认识到男女心理委员均有各自的优势与不足,心理委员可以积极参与相关培训,做到充分发挥自身优势,努力克服自身的不足。最后,心理委员在与同学进行沟通交流时,需要保持中立的立场,以开放包容的态度面对同学的心理困扰与情绪态度。

345. 心理委员因与同学有不同的见解而无法深入沟通怎么办?

首先,心理委员要明确关键问题。在与同学们进行沟通交流的过程中,存在不一致的观点与见解是正常现象,但是心理委员需要明确当前讨论的问题是否为影响同学心理健康的关键问题,避免将心理辅导转变为"辩论赛"或者将自己的观点强硬地施加给同学。其次,心理委员要鼓励同学积极表达,引导同学改变不合理、不适应的观念。最后,心理委员想要深入了解同学,需要耐心倾听同学的想法,与同学产生共情,不说教,不批评,不烦躁,不推拒。

346. 同学已有问题解决方法却不付出行动怎么办?

首先,心理委员要正确看待同学的行为尚未改变这个问题,要认识到"知易行难"是一个正常现象。心理委员在与同学们进行沟通交流时,同学可能已意识到自己的不合理认知或者不适应行为,也获得了比较中肯的建议和指导,但是要真正做到改变行为,这并不是一个可以一蹴而就的过程。心理委员要给予同学充足的时间，时刻关注同学的发展变化。其次，心理委员可以继续邀请同学进行沟通交流，了解同学是否产生了新的问题、在实际运用相应策略时是否遇到了阻碍、是否很难坚持等，心理委员要针对相应问题提出相应的解决办法，不断完善最初的目标和计划。最后，心理委员可以通过组织集体活动为同学提供实际锻炼的机会，及时鼓励支持同学的认知转变和行为转变，培养同学的坚韧性和自信心。

347. 同学习惯于自我否定怎么办？

心理委员首先要安抚同学的情绪，避免直接对同学提出评价和建议，以免加深同学的不认可感。其次，心理委员要倾听同学是如何评价自己的，是如何认识及看待自己的发展变化的，从中找出同学的不合理信念，比如是否看不到自己表现较好的一面，是否过于苛责自己，是否过分在意父母或其他人的评价等。心理委员可以适时地鼓励同学，引导同学接受自己表现不错的一面，同时认识到自己有做得不好的地方是正常现象。最后，心理委员可以通过主题班会或者团体心理辅导的方式帮助大家探索提高自信的方法，在相互鼓励、相互支持的氛围中提升个人认同感。

348. 同学感到学业压力过大又无处发泄情绪怎么办？

针对此问题，心理委员可以从以下几个方面开展工作。首先，同学感到学业压力大，心理委员可以通过座谈、问卷调查、个别访谈等方式收集同学有关学业压力的相关资料,如压力来源、压力水平、压力调节方法等。其次,根据收集的资料,心理委员可以通过创造缓解压力的情境、开展宣泄压力的活动、分享调节压力的方法等方式帮助同学释放压力。最后,心理委员可以与学校心理中心联系,邀请心理中心的专业老师为同学开展缓解压力的讲座或者团体心理辅导等,依靠专业力量帮助同学调节压力、宣泄压力。

349. 如何解决同学的自卑问题?

自卑是人类社会普遍存在的心理现象。自卑感一般指个人由于生理、心理或其他方面(如家庭方面、工作方面、政治方面等)的某些缺欠(有时是自以为的缺陷),而产生的轻视自己、看不起自己,认为无法赶上别人的一种消极的心理状态。自卑感往往使人缺乏自信心、孤僻、悲观。特别当受到周围人们的嘲弄或侮辱时,有时会以变态形式如暴怒、嫉妒、自暴自弃等表现出来,严重的还会导致轻生。针对学生的自卑心理,心理委员首先要善于发现同学身上的闪光点,并积极创造情境让同学发挥自身的潜能,以帮助同学获得成功经验,提高自信心。其次,心理委员要善于发挥自卑的积极作用。自卑并不是变态的象征,而是人在追求优越地位时的一个正常发展过程。自卑可能促使人发奋图强、力求振作,从而超越自卑、补偿弱点。实际上,这种情感是隐藏在所有个人成就后面的主要推动力,全然没有自卑感的人不可能成为卓越的人。因此,心理委员要善于激发同学的成就动机,化自卑为动力,引导学生调动自身力量取得成就。最后,心理委员在引导同学克服自卑的消极作用的同时,要注意理解同学的心理感受,在真诚理解的基础上提供积极关注和支持帮助。

350. 怎样协助咨询师帮助情绪无规律爆发的同学？

这个问题可以详细描述为同学情绪会无规律地爆发，但与咨询师交流时刚好状态都比较好，心理委员该怎样更好地帮助同学改善情绪？如果同学与咨询师交流时状态都比较好，这可能是由于同学在与咨询师交流时获得了一些情绪调节的技巧和工具，使同学能够控制自己的情绪，这是一种非常积极的情况。心理委员可以建议同学继续与咨询师交流，学习更多的情绪调节技巧，并探索更长期的解决方案。此外，心理委员可以向同学提供支持和理解，并帮助同学寻找其他适当的支持资源。最重要的是，要让同学知道，他并不孤独，只要保持积极的态度，继续努力寻找解决方案，一定能够克服情绪困境。但同学状态的改善需要一个循序渐进的过程，心理委员要多注意同学的情况，将情绪不好时的状态及时反馈给咨询师。心理委员也要相信咨询师的专业性，耐心等待同学的变化。

351. 当同学们都忙于各自的事务时心理委员的价值该如何体现？

即使每个大学生都有自己的规划，交集较少，心理委员仍可以发挥重要作用。例如：促进同学之间的交流和协作并提供支持和理解；组织一些社交活动或课外活动，以促进同学之间的联系和互动；倡导心理健康问题，引领大家关注身心健康；等等。在日常生活中,心理委员可以在创造一个支持性的团体氛围和鼓励同学成长、促进同学前途发展等方面发挥作用。心理委员的职责就是维持同学的心理健康,促进其成长与进步。心理委员可以通过日常的心理健康宣传和组织多元的活动,在促进大学生身心健康方面发挥积极的作用。虽然每位同学都有自己的规划,但仍可以通过心理委员提供的支持建立联系,树立共同的目标,创造一个更加积极和谐的校园文化氛围。

352. 怎样合理把握对同学心理健康的关注度和敏感度?

作为一名心理委员,对每个人的心理健康过度敏感和关注是很正常的。然而,心理委员需要明确自己的角色和责任,了解心理委员的工作范围和限制。如果遇到超出心理委员能力范围的问题,需要及时向上级领导或专业心理咨询师寻求帮助。另外,心理委员可以通过耐心倾听帮助他人减轻压力和情绪困扰。同时,心理委员也需要自我保护,避免过度负荷导致自身心理健康出现问题。

353. 网络心理问卷调查如何做到既能保障同学的隐私又能让同学打开心扉?

网络心理问卷调查匿名可以保障学生的隐私和安全,让他们更愿意开放自己的心声,但匿名也可能会被有些人利用来恶意攻击或捣乱。为了避免这种情况发生,可以规定匿名提问的一些准则和规范,例如不能诽谤他人、不能发布不良信息等,并建立监管机制,对捣乱者进行追责处理,确保校园网络的秩序和学生的权益。

354. 同学不重视心理问题怎么办?

心理健康问题是一个非常重要的问题,但很多人并没有足够重视这个问题。事实上,心理问题不仅会影响一个人的个人生活和情感健康,也会对他人产生负面影响,从而影响整个社会的稳定。对于学校而言,应该开设心理健康教育课程,为学生提供必要的心理辅导,帮助他们培养情绪管理能力以及解决问题的能力等。同时,也要为学校工作人员提供必要的心理健康培训课程,指导他们有效处理学生的心理问题并为他们提供适当的支持。政府也应该在制订政策时考虑到心理问题的重要性。例如,应该加大对心理健康领域的投入,并向心理医生和其他相关专业人员提供必要的资源支持。最后,每个人都对自己的心理健康状况负责。心理委员应该努力打破心理健康话题的社会禁忌,积极参与并支持有关心理健康的活动。只有通过各层面通力合作,心理委员才能帮助那些需要帮助的同学渡过难关,建立一个更为健康的社会环境。

355. 怎样克服自卑心理以便更好地为同学提供帮助?

心理委员作为一个能为学生提供心理咨询和辅导的学生干部,应该具备一定的交流能力和较好的心理素质。但是心理委员也是普通学生,他们同样存在个人心理问题困扰。首先,作为一名心理委员,他们应该更加重视自己的心理健康,倡导自我关爱。如果心理委员认为自己存在自卑心理,例如不敢和异性交流,可以尝试多参加社交活动,逐渐提高自己的社交能力和信心。其次,心理委员可以寻求心理支持和咨询,在专业心理医生的帮助下找到自己的问题所在,积极面对并逐渐调整自己的心态和行为。最后,心理委员也可以向其他学生寻求帮助。和同学共同探讨心理问题和解决方法,可以更加深入地了解自己和他人的心理情况,从而发挥自己的优势、弥补自己的不足,为其他同学提供更好的服务。

356. 同学不愿意听取心理委员的建议怎么办?

心理委员在工作中常常会遇到这样的情况:自己希望能够帮助同学,积极地给他们提建议,但是同学并不愿意听取。对于这种情况,心理委员可以从以下几个方面入手。一是尊重对方的选择。在给别人提建议时,要始终尊重对方的意愿和选择自由,不强求对方采纳自己的建议。二是耐心倾听同学的需求。只有先听取同学的需求,了解同学的情况,才能给出更加恰当的建议。因此,在给予建议之前,心理委员一定要先认真倾听同学的诉求,让同学感觉到被理解和关心。三是以身作则。心理委员自己要变成别人希望成为的模样,让同学看到心理委员做到了自己所承诺的事,这样可以进一步增加心理委员的影响力和信任度。四是适当调整自己的建议。如果同学并不愿意接受心理委员的建议,可以尝试适当调整建议内容或方式,或者给出更加具体的方案,让同学能够更易接受和实践。总之,面对同学不愿意听取建议的情况,心理委员一定要保持耐心和尊重,帮助同学寻找到更适合自己的方式去解决问题。

357. 同学不知道自己是否有心理问题拒绝沟通怎么办？

对于同学很难界定自己是否有心理问题并且不愿分享这种情况，心理委员可以从以下几个方面来帮助他们。一是介绍心理问题的种类。要让同学了解心理问题有不同的种类，如焦虑、抑郁等，并为他们提供一些相关资料或指导，以便他们能更好地了解和认识自己。二是鼓励谈论感受。心理委员可以鼓励同学在日常交流中分享自己的感受，了解他们的日常生活中是否有引起心理不适的因素，或者询问他们是否遇到过类似情况。三是注意沟通技巧。在同学表达自己的感受时，心理委员不仅应当认真倾听，而且应当表示理解。心理委员可以使用一些积极的表达方式，如用"我理解你的感受""你不是一个人在面对这个问题"等话语表示同情。四是推荐专业机构。心理委员也可以为他们推荐专业的心理咨询机构帮助他们解决心理问题。总之，心理委员应该为同学提供持续的关注和支持，以便他们能够更好地了解和接受自己的情况。最重要的是，心理委员需要以平等、尊重和理解的心态去面对同学，帮助他们正确面对不同的困难和心理问题。

358. 心理委员想服务同学却被拒绝怎么办？

同学拒绝心理委员的服务，可能存在以下几个原因。一是同学不了解心理委员的职责和职能，对其提供的服务存在误解。二是同学对心理委员的能力存在疑虑，认可度不高。三是心理委员可能在服务中处理问题不当，造成同学的不满或反感。四是同学自身心理问题的严重性或复杂性超出了心理委员的专业能力所能够处理的范围。

针对这种情况，心理委员需要从以下几方面去思考解决办法。一是加强宣传。心理委员需要对自己的职责和服务能力进行有效的宣传，让同学了解心理委员的职责，提升同学对心理服务的认知度和接受度。二是加强自我提升。心理委员应该持续提升自己的心理咨询能力，丰富自己的心理学知识和经验，提高自己的专业水平。三是关注服务质量。心理委员需要时刻关注自身的服务质量，从服务态度、情感沟通、信息收集和处理技能等方面着手，提升自己的服务质量和能力。四是寻求合作和支持。心理委员可以主动与其他学生组织和社团合作，在为有需要的群体提供心理服务的过程中增强自身的影响力，发挥更大的社会价值。总之，对于心理委员被拒绝提供服务这种情况，心理委员需要持续关注，积极提升自身能力，加强职责宣传，努力为同学提供更专业、安全、高效的心理服务。

359. 心理委员被同学认为多管闲事怎么办？

如果同学认为心理委员多管闲事，可能是因为心理委员的行为让其感到干涉过多或冒昧，或者是同学个人偏向独立，不喜欢他人干涉自己的事务。针对这个问题，以下几个解决方法可供参考。一是尊重同学的想法。即使心理委员认为自己的行为是出于关心和提供帮助,但同学可能并不需要或不喜欢这样的帮助。心理委员要尊重同学的意见,不要过多干涉其个人事务。二是适当表达关心。心理委员可以选择恰当的方式和时机与同学进行交流,告诉同学自己的想法和感受,但要遵循"适度展现、适度退缩"的原则,不要强求对方接受自己的建议或关心。三是用心倾听。如果同学认为心理委员多管闲事,心理委员可以尝试倾听并理解其想法、担忧和需求。在交流的过程中尽量站在同学的角度思考问题,不要过于强调自己的观点。四是寻求妥协。如果心理委员与同学的观点存在分歧,心理委员可以考虑寻求妥协或找到双方都可以接受的解决方案。当然,要确保自己的行为不会影响到同学的利益。总之,多管闲事可能会导致同学之间关系紧张,正确处理这个问题可以加强与同学的关系,增进彼此之间的理解与沟通。

360. 心理委员在帮助同学的过程中如何看待自己的价值?

此问题的提出基于如下案例:某心理委员在和某位同学聊天的过程中感觉他的思想很消极,发现他对未来的看法比较悲观,并不是那种学业方面的失落,只是觉得生活了无生趣。于是心理委员试着开导他,但效果好像并不显著。之后这位同学学习很努力,并且在大一下半年成功转了专业,各方面都取得了一些成绩,情绪状态也变得非常平稳。

这名心理委员做得非常好。当遇到这种情况时,听取对方的想法很重要,因为这可以让他感到被尊重,你的开导和支持对于对方来说就是帮助和鼓励,即使在当时没看到效果,在将来可能也会渐渐发挥作用。很显然,同学转专业的尝试已经展现了他积极向上的学习和生活态度。这个案例充分体现了心理委员的价值。

主要参考文献

[1] 范士青,孙利,张凤娟,等.社会适应、班级人际关系与学生家庭结构:一项社会网络研究[J].教育研究与实验,2020(6):80-87.

[2] 付淑英.自我控制对人际信任影响的研究:价值取向和认知共情的多重中介效应分析[D].天津:天津师范大学,2018.

[3] 郝雨,朱媛媛.冲突与协商:私人空间兼公共空间的大学生宿舍[J].南通大学学报(社会科学版),2016,32(5):98-103.

[4] 贾晓明.学习建立亲密关系:大学生恋爱心理分析[J].中国青年研究,2003(6):67.

[5] 李艺敏,孔克勤.国内自卑研究综述[J].心理研究,2010,(6):21-28.

[6] 梁志辉,魏剑波,刘尧.大学生"小团体"活动规律初探:基于华南农业大学的调查分析[J].时代教育,2015(10):55-56.

[7] 骆婧,安玲娜.完美主义对大学生学业拖延的影响:学业自我效能感的中介作用[J].贵州师范学院学报,2022,38(11):77-84.

[8] 马建青,欧阳胜权.高校心理委员的发展历程及价值[J].思想理论教育,2020(6):106-111.

[9] 唐雁,李雪,张津凡.大数据时代大学生的心理危机防范与快速反应机制[J].沈阳大学学报(社会科学版),2022,24(05):

532 - 541.

[10] 王青,吴杨.女大学生宿舍人际关系小组工作干预效果分析
[J].中国学校卫生,2022,43(12):1822 - 1825.

[11] 王禧.大学生建立亲密关系的过程研究[J].中国青年研究,
2014(4):85 - 92.

[12] 颜笑,贾晓明.大学生失恋哀伤过程的定性研究[J].中国心
理卫生杂志,2018,32(3):233 - 238.

[13] 杨阳.男女心理委员人格类型的研究[J].河南机电高等专科
学校学报,2012,20(2):57 - 59.

[14] 张继如.大学生自卑心理及其对策[J].内蒙古大学学报(人
文社会科学版),2000(A1):210 - 212.

[15] 张青,胡修银.非言语行为的运用在心理咨询中的价值[J].纳
税,2017,(27):173.

[16] 赵丹.大学生学业拖延、学业自我效能感与学习动机的关系
研究[D].石家庄:河北师范大学,2014.

[17] 赵淑娟.人际交往团体辅导对改善医科大学一年级学生孤独
感的实效研究[D].太原:山西医科大学,2010.

[18] 郑伟建,林炫炫,高华.父母心理控制对大学生人际关系困扰
的影响:隐性自恋和述情障碍的链式中介作用[J].内江师范
学院学报,2023,38(2):14 - 21.

[19] KLEIN W B, WOOD S, LI S. A Qualitative Analysis of
Gaslighting in Romantic Relationships [R]. PsyArXiv, 2022.

[20] RITTER L J, HILLIARD T, KNOX D. "Lovesick":
Mental Health and Romantic Relationships among College
Students [J]. International Journal of Environmental
Research and Public Health, 2023, 20(1):641.